Radiando la ciencia

Efemérides para
un año escolar
científico

MANUEL MORA MÁRQUEZ

Radiando la ciencia

Efemérides para un año escolar científico

EDICIONES PIRÁMIDE

COLECCIÓN «CIENCIA HOY»

Diseño de cubierta: Anaí Miguel

Ediciones Pirámide se compromete con el medio ambiente reduciendo la huella de carbono de sus libros.

PAPEL DE FIBRA CERTIFICADA

Valentín Beato, 21. 28037 Madrid
Teléfono: 91 393 89 89
www.edicionespiramide.es
Depósito legal: M. 20.780-2024
ISBN: 978-84-368-5013-0
Printed in Spain

ÍNDICE

AGRADECIMIENTOS

Un libro de divulgación es, en muchísimos casos, un compendio de situaciones cotidianas en todos los grados de euforia. Como los seres humanos somos animales, pensantes eso sí, gregarios a más no poder, en la redacción de cualquier escrito aparecen personas que, por una simple regla básica, deben aparecer significadas en palabras de agradecimiento, ya sea por un simple café, por aguantar una charla estoicamente, por ayudar con alguna idea para algún párrafo o por soportar cabreos ante agobios de no llegar a cerrar la idea inicial de libro. Personas que simplemente estuvieron ahí cuando hizo falta. Así que para estas personas van las siguientes palabras de agradecimiento.

Me gustaría empezar con conceptos de la biología más básica, y es que somos la herencia de genes que, en un momento determinado, combinan en un nuevo individuo, haciendo que la descendencia de nuestra especie siga viva. Y es que todos y todas venimos de nuestros progenitores, y para ellos van esas palabras, mis abnegados padres, que evidentemente me cuidaron, me alimentaron, me dieron acceso a la educación y estuvieron allí cuando hizo falta. Sé, de buena tinta, que están más que orgullosos de lo que he llegado a ser, si bien no entienden ni jota de lo que presenté en mi tesis doctoral o en qué investigaciones me encuentro centrado actualmente. Pero no hace falta, ellos ven en mí a alguien que se ha formado, que ha estudiado, que tiene la suerte inmensa de disfrutar de su trabajo como profesor universitario. Gracias, Manuel y Carmen.

Ya estará leyendo que estos agradecimientos serán de *pellizco, lágrimas y pañuelo*. Sigamos, y ahora me detendré en formular unas palabras para la otra congénere que tiene la suerte de tener como herencia esos mismos genes progenitores. Mi hermana es posiblemente la persona más tozuda, diligente y aplicada en su curro, y encima es maestra de primaria ¡Vaya tarea! Sé que lo que pretenda hacer en la vida le irá genial. También espero que estas líneas le agraden mucho, porque el compartir carga genética tiene algo que nos hace inseparables. Gracias, María del Carmen.

Este libro no sería lo que es sin mi experiencia inicial en la radio, así que muchísimas gracias a toda la gente de Paradigma Media Andalucía, S. L., asociación sin ánimo de lucro que pretende visibilizar las acciones sociales que se llevan en Córdoba y que muchas veces, desgraciadamente, demasiadas de las que se debería, no tienen respaldo de los responsables del ayuntamiento. Me gustaría destacar aquí al presidente, Rafael Juan (sí, tal como lees, es su nombre completo, los *Rafaé* son mayoría en mi ciudad, ya sea incluso para montar este nombre compuesto), que se *guirra* (palabra cordobesa que significa «que se parte») con la actual propuesta de *Ciencia radiante* (búsquelo en Spotify y hágase *follower,* que nunca viene mal otro oyente). Su hijo, Javier Juan (ya no digo *na* sobre nombres compuestos...) es nuestro técnico favorito, con el que pasamos unos viernes de grabación increíbles, divertidos, caóticos, pero muy muy científicos. Gracias Javi, mi técnico de confianza. Pero en estos agradecimientos a Paradigma, me gustaría pararme en José Manuel y María del Mar, así como en el compañero Alfonso, conductores del programa *Los domingos de Paradigma,* con los cuales me inicié en eso de contar la Ciencia a través de las ondas sonoras. La verdad, me lo pasé genial durante ese tiempo, nos reímos mucho, y como sé que José Manuel es una persona muy muy adorable, encima este autor le ponía en un aprieto, a modo de examen, que nos hacía reír mucho más (la mayoría de las veces porque me salía de guion y le pillaba, como vulgarmente se dice, *con el culo al aire*). Gracias, chicos, y gracias, chica, María del Mar, que encima te ponía en la tesitura de ponerte en un papel de historieta que hacía que todavía nos riéramos más y que a José Manuel le entrara de nuevo la tos... De verdad, una de las mejores experiencias de mi vida.

Me gustaría tener también un recuerdo para el resto de la familia, que van desde mis primos a mis tíos, pasando por mi suegra (no se preocupe, que luego vuelve a aparecer más adelante) y acabando por mis cuñadas y cuñados. La familia tiene eso, te arropan, te acogen, te miman y te hacen sentir, cual animal que somos, dentro de la manada. Mis más sinceras gracias por tantos momentos, y no destaco a nadie, que luego nos ponemos celosos y celosas, y en las reuniones y cenas familiares hay que verse (y cuando nos vemos, pues lo pasamos bien, jejeje, ¿qué creía?).

En la vida, el bagaje lo hace todo, las personas que conocemos en nuestra evolución personal. En mi trabajo solo he conocido dos ambientes, relacionados pero distintos, que hablan de Ciencia, pero en lenguajes no iguales aunque similares. Mi etapa de investigador se inició en el Departamento de Orgánica de la Universidad de Córdoba, del cual tengo grandísimos recuerdos y grandísimas personas queridas, que me enseñaron mucho en mi etapa formativa pre y posdoctoral, y a las cuales sigo filiado porque nos vemos a menudo. Gracias, compañeros y compañeras del grupo FQM-346-Catálisis Orgánica y Materiales Nanoestructurados (cómo nos gustan los nombres científicos a los científicos). Gracias, Rafa, Paco, Dolores y Daniel.

Actualmente, en otra etapa de mi carrera académica, trabajo como profesor universitario en el área de Didácticas de las Ciencias Experimentales, donde disfruto cada día de mis compañeros y compañeras de trabajo, personas formadas a rabiar en el concepto de Ciencia básica y que intentan aplicar su conocimiento en la formación de maestros de Educación Primaria y profesores de Educación Secundaria. De esta forma, compartimos una necesidad, la de que nuestros futuros docentes sepan y expliquen de forma didáctica la Ciencia. Dice que el refrán popular que si tu trabajo se convierte en tu *hobby* nunca más será trabajo, pues eso ha calado por completo en este grupo humano. Disfrutamos de nuestro *hobby* y echamos horas como un reloj, más de la cuenta, e inventamos la rueda cada día intentando llegar a esa misión formativa. Gracias Sebastián, Jorge, José Joaquín, Jero, José Carlos, Francisca, Pilar Gema, María Victoria, Alberto y Luis (pues sí que somos gente en el área, se da cuenta uno cuando las cuenta).

Pues vamos a ir terminando, porque son muchos agradecimientos, y si está leyendo esto y encima ha comprado el libro, querrá entrar en materia. Así que me he reservado un podio para mis tres últimos agradecimientos que, por motivos especiales y relacionados con este libro, aparecen para ir cerrando este apartado.

Gracias, miles de gracias a Alicia, compañera de departamento y de área de conocimiento. Está visto que en esta vida todos y todas tenemos un *alter ego*, un reflejo en otro congénere de nuestra especie, o simplemente, y especialmente en este caso, tienen la misma *pedrá*. Existe una admiración mutua en lo que creemos que es la Ciencia y cómo divulgarla, así como en la necesidad de crear esa cultura científica, y ahí coincidimos los dos. Tanto que me acompaña como voz femenina en el espacio pódcast *Ciencia radiante* (que sí, vuelvo a lanzarte la oferta de que te hagas *follower*), tanto que nos acompañamos en nuestras charlas de instituto, tanto que estamos en los mismos proyectos de innovación, tanto que todo este texto revisado —los agradecimientos no los ha leído y está rabiando por ello— ha sido labor suya, aparte de algunos párrafos, algunas ideas del típico dibujo atascado en el folio en blanco o alguna forma de ir maquetando y dando coherencia a este compendio divulgativo. Por todo esto y por todo lo que nuestra imaginación se nos ocurra —locuras diversas que acaban materializándose— infinitas gracias.

Gracias, infinitas e imponderables gracias a César, mi jefe de tesis, mi director de grupo, mi *padre* en la Ciencia. Ojalá estas palabras que aquí redacto las leyera cuando este libro salga impreso, pero mientras lo terminaba recibí una noticia que no me esperaba, que César no iba a estar para ello. Se que el tiempo que uno dedica a una persona parece que fue mínimo en cuanto esta persona pasa a ser energía y deja de ser materia, pero en este caso, este autor lo siente aquí. Los años que vivimos juntos fueron maravillosos, muy científicos, pero sobre todo muy divulgativos. Él me ha enseñado algo por lo cual siempre le estaré agradecido: la curiosidad por el conocimiento. Aparte de darme la oportunidad de relevarle en la radio como experto en Ciencias (una osadía desmedida teniendo en cuenta la gran sabiduría que atesoraba mi predecesor). Y no me quiero poner más melancólico, porque de verdad que lo echo de menos, pero sé que, dondequiera que esté, estará haciendo más científicos a esos ángeles en ese cielo en el que César tanto creía. Este libro, en gran parte, va por ti.

Gracias, incontables gracias, a mi familia más estrecha, aquella en la cual unos genes algo alocados encontraron otros genes más centrados y formaron una bella familia. Mi mujer, Victoria, y mis enanos, Daniel y Victoria, son el asiento más estable que uno podría pensar. Me dan serenidad, me dan alegrías, me sufren en mis interminables horas de curro y me esperan pacientes a que me libere para planear experiencias y momentos familiares. Sé que no hay tiempo medible para darles en contraprestación del amor que me procesan, así que espero que, una vez acabado este libro, disfruten de él porque son la parte más fundamental del compendio científico-didáctico-divulgativo que a partir de las páginas siguientes empieza.

Entusiasta introducción

La Ciencia constituye el mejor *invento* del ser humano, ese que nos ha hecho llegar a estas cotas tan altas que nos marcamos como especie, la que nos hace seguir en evolución, en desarrollo, pensando en nuevos retos. La Ciencia es maravillosa... y un *auténtico pestiño* que hace que más de uno sude con tanto concepto, fórmula, ley y teoría. Tanto científico y tantos descubrimientos. Vamos, que no hay quien se la estudie sin sufrir algún pequeño desmayo. Es más, para un amplio porcentaje de la población (dato no contrastado con ningún estudio sesudo) la Ciencia es *esa cosa que hacen los frikis científicos.*

Perdona, había escrito entusiasta introducción, y seguro, querido lector, que después de este inicio te ha dado algo de *bajona.* Tranquilo, que le voy a dar la vuelta a esa situación. Has abierto un libro de divulgación que pretende que la Ciencia sea eso que has leído en la primera línea —el mejor invento de todos los *Homo sapiens* que poblamos este planeta— y, sobre todo, que te fascine su estudio, su conocimiento y saber más de esta maravillosa disciplina... Pero todos y todas tenemos nuestras *fobias y nuestras filias, y* en el caso de la Ciencia no iba a ser menos; así, hay personas que la aman apasionadamente —como un servidor— o que la odian con intensidad, casi sin existir un punto intermedio. Pero, entre tú y yo, te arrojo un dato por si no lo sabías y/o desconocías: la Ciencia es necesaria, máxime si cabe en este mundo globalizado y altamente tecnologizado del siglo XXI.

¿Y a quién debemos la Ciencia? Pues los primeros que le dieron al *coco* en eso de preguntarse cosas —el típico ¿quiénes somos?, ¿de dónde venimos?, ¿a dónde vamos?, y tantas otras cuestiones fundamentales para nuestra especie pensante— convirtiéndose en los padres y madres de nuestra cultura, fueron los sabios griegos, filósofos todos ellos, grandes admiradores de la naturaleza, con muchísimo tiempo para descubrir y enunciar las leyes que creían que regían nuestro Universo. Los primeros *sapiens* que dejaron postulados para la posteridad y que nos pusieron en modo *on* en eso de pensar. Pero claro, una cosa son las bases y otra es el nacimiento en sí de la Ciencia, y ahí, sin experimentos que refutaran estos postulados, muchos de ellos llegaron a nosotros como dogmas, con sus cosillas buenas y no tan buenas. Así, algunos postulados siguen muy vigentes, como la Trigonometría, el Cálculo o la Física básica, pero otros son *las típicas filosofadas de copa de balón arreglando el mundo.*

Este libro habla de rigurosa Ciencia, muchísima, tanta como llenar un año escolar completo, y de ahí una parte del sesudo título. Pero también habla de Ciencia canalla, alegre, divertida, divulgativa y emitida en formato radio, de ahí también la otra parte. Y es que parece que una cosa tiene que estar reñida con la otra. Una vez cambiado el tono lúgubre inicial, acompáñeme que vamos a empezar un maravilloso viaje, que se iniciará con la presentación de este humilde científico/profesor universitario/divulgador/ilustrador.

Me presento entonces. Soy el autor de este libro, químico de formación y doctor en Ciencias. Títulos *nobiliarios* que seguro te hacen pensar que de Ciencias entiendo un rato, pero es una verdad a medias. Me explico, que ya le estoy viendo que está poniendo una cara rara. Los científicos y científicas nos especializamos en un campo muy concreto y aplicado, un hecho que nos hace ser expertísimos en ese ámbito, más que nadie en este globo terráqueo, sentando incluso cátedra cada vez que se nos pregunta por dicha especialidad, pero eso nos hace obviar que la Ciencia es algo más amplio, aplicado, ciudadano e incluso cultural. Y ahí, los científicos tenemos que ser humildes y reconocer que, ante esta aseveración, no sabemos toda la Ciencia que se nos presupone.

Así, mientras estudiaba la carrera, me fui formando una idea de qué era la Química, mi amada disciplina por la cual inicié ese periplo universitario, obviando el resto de las disciplinas. Este sesgo siguió de forma alarmante durante los años de doctorado, especializándome en Química Orgánica, la rama de la Química que habla de los compuestos de carbono —esto a grandes rasgos, para que se haga una idea— obviando al resto de ramas de la Química, como son la Analítica, la Inorgánica o la Fisicoquímica, por citar algunas. La tesis supuso la culminación de la especialización y, por tanto, del sesgo total en mi conocimiento científico. Me había convertido en un homínido pensante muy conocedor de una reacción química en concreto y del uso de unos catalizadores —sustancias aceleradoras de las reacciones— muy particulares. Un campo de aplicación top que compartía con otros homínidos pensantes, tantos como los dedos que se pueden contar en nuestras manos. Como acaba de leer, coincidirá conmigo en que eso no es saber de Ciencia.

Esta situación cambió por completo gracias a dos eventos fundamentales que han ayudado a forjar la visión de lo que es Ciencia, o por lo menos lo que yo entiendo por este concepto. El primer evento fue... ¡acabar la beca posdoctoral y quedarme sin contrato! Tranquilo, que no vuelvo al catastrofismo, sino que hablo del hecho de estabilizarme en el sistema universitario, el paso limitante de investigador a profesor universitario. Un paso que, desgraciadamente, en muchos casos pasa por una auténtica yincana o la *escape room* más puñetera. En mi caso particular supuso, encima, cambiar de departamento en la Universidad. De la noche a la mañana. Un día me acosté sin saber cómo seguir filiado al Departamento de Química Orgánica y al día siguiente me levanté con la posibilidad de un contrato de profesor sustituto interino en el Área de Didáctica de las Ciencias Experimentales.

Si mientras lee esto, pone cara de no saber qué área de conocimiento es eso de la didáctica, ya está poniendo la misma que puse yo en su momento. Dejé la Facultad de Ciencias y me vine a la Facultad de Ciencias de la Educación y Psicología. Este hecho supuso y supone un cambio en el paradigma de lo que es la Ciencia, ya que tenía que enseñar Ciencias al alumnado universitario que eran proyectos de maestro de Educación Primaria. Una Ciencia amplia y aplicada al aula, en consonancia con los conceptos relacionados con el currículo de este nivel educativo. Además, tuve la suerte de acceder como profesor en la especialidad de Física y Química del Máster de Profesorado en Secundaria. Al principio fue un *shock* grande, yo acostumbrado a dar algunas clases a alumnos *sapientines* químicos, con pizarras llenas de fórmulas, para ahora dar clases de cómo explicar, qué te digo yo, las fuentes de energía o la biodiversidad de los seres vivos a futuros docentes que posteriormente tendrían que explicarlo a niños y niñas de entre 6 y 12 años. Tienes toda la razón, que acabo de leerte la mente, una *faena,* pero qué maravillosa fue en su momento y sigue siendo ahora mismo mientras redacto esta introducción. Con un currículo de Ciencias básicas por enseñar, la visión que poseo actualmente de las Ciencias es algo amplio y muy aplicado, que me ha hecho estudiar otras ramas científicas olvidadas desde el inicio de la Universidad y me mantiene actualizado en los hallazgos y descubrimientos de la Ciencia. Además, durante este periplo, y gracias a la participación en actividades de divulgación impulsadas por la Unidad de Cultura Científica de la Universidad de Córdoba, esta visión se ha ido ampliando, creando nuevos lenguajes, un hecho que tiene su punto de inflexión en el segundo evento: una llamada de teléfono.

En la primavera del 2022 recibí una llamada de mi antiguo director de tesis. Algo normal, ya que hablábamos mucho y siempre nos hemos tenido muchísima estima —ya lo has leído en el sentido agradecimiento de páginas anteriores—. La cuestión es que era mediodía, la hora de la caña de cerveza, hacía sol y una temperatura perfecta y no, no pienses mal, solo llevaba una cerveza, así que lo que vas a leer es un relato fidedigno del suceso que acaeció. Descuelgo y aparte de preguntar que cómo me va en el trabajo me dice: «no sé si sabes que trabajo colaborando en una radio y últimamente me canso mucho. He hablado de ti con el director del programa, pensando que eres la persona idónea para seguir con esta colaboración». A todo esto, le digo: «César, ¿estás de coña, no?». Respuesta: «No, no, mañana quedamos y cerráis el trato». Al día siguiente, el director del programa *Los domingos de Paradigma,* programa magacín de la Asociación Paradigma Andalucía, S. L., una asociación con clara vertiente social queda con nosotros y tras las típicas presentaciones, me suelta: «Bueno, ¿qué te parece la idea?». Respuesta: «Pues la verdad, no sé qué decir, pero no sé si voy a estar a la altura». José Manuel, que así se llama el director de este programa añade: «Tranquilo, César ha hablado maravillas de ti. ¿Qué ideas tienes para tu sección?» ¿Para mi sección? ¿Así, sin más? ¿Un telefonazo y una cerveza y estoy en la radio? ¿Que qué me pareció? Me pareció una maravillosa aventura para seguir ampliando mi visión de la Ciencia, el germen de lo que es este libro que ahora mismo ojeas.

Pero no vayas con tanta prisa, que primero tengo que contarte varias cosillas. La primera, que la Ciencia bien contada tiene su curro, es más, muchísimo curro. Durante la preparación de cada uno de los programas (18 en total en esa primera temporada) he estudiado como nunca, ya que he tenido manga ancha para hacer lo que quisiera. Decidí que, durante esos programas, el tono fuera alegre, distendido y revolucionario, contando la historia de la Ciencia de un personaje en una efeméride destacada y después ampliando algunas cosillas en una especie de examen a los conductores del espacio radiofónico.

Y es que, en todo este tiempo, aparte de sacrificar mucho tiempo libre —de buscar huecos entre la docencia, las reuniones, las tutorías y la infinidad de funciones que tenemos asignadas los profesores universitarios— he disfrutado y me he divertido muchísimo en las grabaciones. Los días de grabación eran sanadores, liberadores, destensionadores de la semana. Tanto José Manuel como María del Mar, los conductores del espacio radiofónico, aceptaron ese juego que les proponía cada semana, e incluso, respondían de buena gana al «examen» a modo de preguntas a responder por un servidor. De todo corazón, gracias por esos ratitos.

Evidentemente, ese nuevo mundo de la radio y de crear un nuevo lenguaje científico divulgativo en este formato pódcast espoleó mi imaginación, de por sí ya repletita de *ideas felices* y proyectos, de tal forma que volví a pintar —sé que no lo sabes, sobre todo porque no te lo he contado, pero desde siempre he pintado mucho cómic, en cada libro/cuaderno durante mi vida de estudiante, garabateando los apuntes— e incluso dije *Why not?* y abrí un espacio en la tienda de camisetas *online* La Tostadora (alguno de esos diseños aparecerán por este libro, con el logo TchingScience, por si te gusta lucir *look científico*). Además, el doble salto mortal con el asunto radio fue desligarme de la sección y crear un programa propio. Para ello, nada mejor que buscar a alguien con mi misma manera de pensar y la misma cabeza divulgativa, cosa que encontré con mi compañera de Departamento, Alicia —para la cual también he tenido palabras de agradecimiento en páginas anteriores—. Y así nació *Ciencia radiante* (búsquelo en Spotify por si quiere hacerse seguidor, un *follower* más nunca hace daño), un espacio más canalla si cabe que la sección que llevaba en *Los domingos de Paradigma,* donde hemos potenciado la efeméride, destripamos la Ciencia, contamos la Ciencia en pantuflas, destacamos un superhéroe de la Ciencia, comentamos noticias en un informe semanal muy rápido y tantas otras *perrerías científicas* en pro de divulgar la Ciencia en este formato para todos los públicos (vamos, como en los juegos de mesa, de 0 a 99 años, jejeje).

Y con todo este pedazo de introducción... ¿de qué va este libro? Pues va, sencillamente, de una selección de efemérides que he ido trabajando en este periplo de casi año y medio, contrastadas desde la Ciencia, rigurosísimas, pero esa idea de tono distendido y asimilable por cualquier público, desde el creyente *(en Ciencias, claro)* hasta el neófito. Este libro esperemos que sea el primero de muchos (pequeña nota para mi editora, al menos de tres, que me quiero marcar una trilogía a lo *Señor de los anillos,* en plan Tolkien, pero con menos orcos) en los cuales siga con mi misión de ampliar mi concepto de Ciencia, y haciendo que veas en ella, ya sabes, el invento más maravilloso de nuestra humanidad.

Aristóteles y sus dudas sobre este libro (y eso que todavía NO ha visto NA, jeje).

Manual de uso de este libro

¿Cómo? ¿Un libro con manual de instrucciones? ¿A qué viene esto? Pues simple, después de la introducción me quedaron en el tintero algunas ideas, así que qué mejor que hacerte unas indicaciones para disfrutar más, si cabe, de la lectura de este compendio científico-divulgativo. Y es que no sé tú, pero a mí me encantan los libros en papel *(puede ser que te encanten los libros como a mí, pero si estás leyendo esto en digital, no te sientas excluido porque seguro que podrás realizar alguna de estas indicaciones)*. Es más, me encanta el olor de los libros, un olor que, por cierto, y por dar el dato, se debe a la lignina presente en el papel, que al degradarse con el tiempo, y con la ayuda de los aceites esenciales utilizados en el montaje de los libros, deja ese olor tan característico de los libros antiguos (un dato *friki-científico* del que poder hablar en sus próximas reuniones familiares). Sin más, me permito presentarte el heptálogo de reglas de uso de este manual, a modo de *Reglas básicas para llevar la Ciencia a tu día día.*

Vale, vale, aparte de estas normas tan sesudas y científicas, me gustaría proponerte otras más mundanas y banales, como investiga aquellas cosas que, una vez leídas, no te queden tan claras *(no está de más que contrastes la información)*, lee los apartados sin un orden aparente *(son efemérides que acotan una temática y permiten explorarlas a tu ritmo)*, subraya *(segurísimo que te dejaré algún dato que te sorprenda, por lo que te animo a que lo subrayes y lo anotes para que así ese dato quede más retenido en tu memoria)* y, sobre todo, disfruta, disfruta muchísimo de la lectura que te propongo en este libro *(solo encontrarás una fórmula, y el tono general utilizado seguramente que te arrancará alguna que otra sonrisa)*. Pues nada, llegados a este punto, acepta el reto de adentrarte entre las **Efemérides para un año escolar científico...**

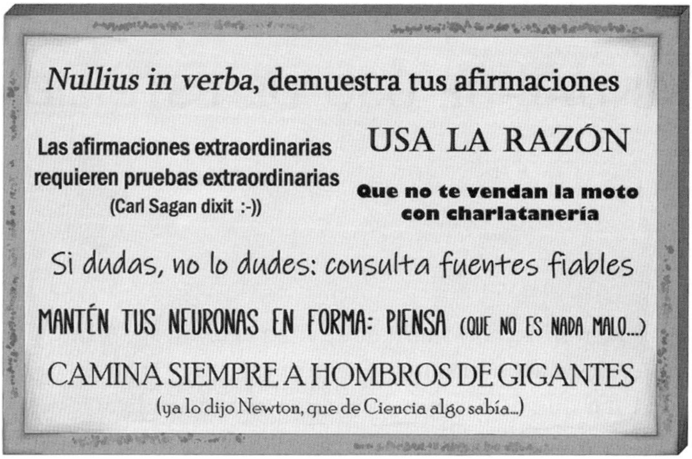

Efemérides para un año escolar científico

Sin ser pedante, los científicos y las científicas no paramos nunca de investigar, de pensar en avances para toda la sociedad, ya sea mientras dormimos, nos lavamos los dientes o incluso cuando nos relajamos viendo nuestra serie favorita en la tele al final del día. Por todo ello, el volumen de descubrimientos, ideas felices o inventos nunca para de crecer. Cada día aparecen noticias relacionadas con el avance de esta disciplina tan curiosa con nuestro entorno que parece complicado, muy complicado diría yo, agruparlos en solo un año. ¿Cómo seleccionar tanto evento? ¿Qué criterios utilizar? En mi caso particular, y en este libro en especial, el criterio lo marcó el calendario y la emisión de la sección de radio: *Efemérides del fin de semana,* se eligieron aquellos que tuvieran *chicha,* que fueran interesantes, que despertaran en el oyente esa chispita de saber más sobre la Ciencia.

Y es que empiezas un libro en el cual voy a ser muy machacón con eso de la necesidad de saber de Ciencias, de eso de culturizarse en Ciencias. El motivo es bien sencillo: los avances científicos ayudan a toda la sociedad, sin distinción alguna, creando a ciudadanos más críticos, exigentes, participativos, democráticos, cultos y con visiones cada vez más amplias del entorno en el que viven. Vamos, que saber de Ciencias es saber de tu mundo, así de sencillo.

Como te prometí, aquí estaba ya esperando, así que, una vez convertido en muñecote
(cortesía de mi hija Victoria, amante del mundo anime y gran proyecto de ilustradora)...
...y después de la arenga inicial, te invito a pensar, divertirte y disfrutar con la CIENCIA de todo un año escolar
Think Science

10 DE SEPTIEMBRE DE 1749. MUERE ÉMILIE DE CHÂTELET, MUJER EXCEPCIONAL DONDE LAS HAYA

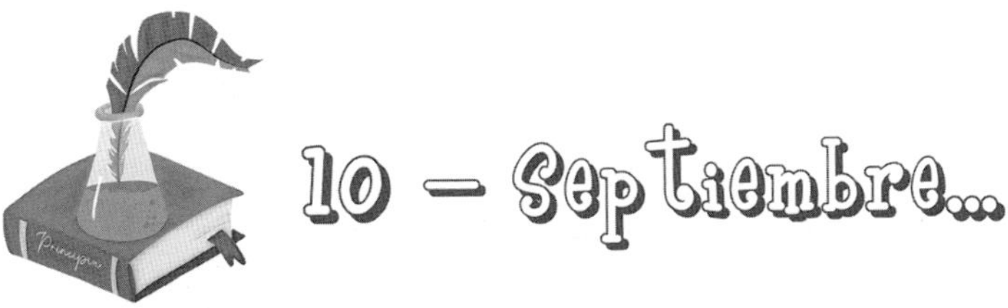

Vamos a comenzar, como no, nuestras efemérides científicas en el primer día lectivo del curso. Un día 10 de septiembre, pero del año 1749, muere Émilie de Châtelet, mujer culta como pocas, matemática y física francesa, marquesa de Châtelet y de nombre completo —inspire profundamente antes de leerlo, sobre todo si lo va a hacer en voz alta— Gabrielle Émilie Le Tonnelier de Breteuil *(anda que no se puso contento el cura el día del bautizo en el momento de recitar tan larga letanía).*

Es una verdad indiscutible que detrás de un gran hombre hay una extraordinaria mujer, y viceversa, y este es un magnífico ejemplo. Sin esta señora marquesa, los grandes resultados obtenidos por las investigaciones del gran Isaac Newton *(un científico melenudo con ideas científicas rompedoras, no sé si lo conoce, querido lector, pero creo que es bastante famosillo...)* no habrían tenido posiblemente tanta repercusión en el continente europeo, y se hubieran quedado durante mucho tiempo solo para los amantes del rosbif.

Tuvo la enorme suerte de nacer en una familia bien situada y de que sus padres la animaran a estudiar, a formarse en una época en la que el acceso a la educación para las niñas era una utopía *(por todo ello, chapó para sus queridos progenitores).* De esta forma, recibió una educación clásica en la que se incluyó el latín, el griego, el alemán, la música, el teatro y estudios científicos como las Matemáticas y la Física, siendo una gran eminencia y una destacada especialista en la rama de la Óptica.

Gracias a esta gran señora del país de los *parfums* más caros y refinados y a su labor desinteresada de traducir al francés todo el compendio científico de Newton —que todo sea dicho, ya hay que echar un *ra-*

tete largo en tan magna empresa— se pudieron conocer los grandes avances de este genial científico, quien tuvo a su vez la suerte de tener esta magnífica escriba.

«Ay, Newton, sir Isaac, tan listo, tan alto, con ese pelo tan sedoso y con esas ideas tan alternativas, ¿cómo me podría yo resistir a traducirlo en todo su esplendor científico?»

18 DE SEPTIEMBRE DE 1928. EL GRAF ZEPPELIN SE DA SU PRIMER GARBEO

Tal día como un 18 de septiembre de 1928, realizó su primer vuelo la aeronave dirigible de construcción alemana, el Graf Zeppelin, un ingenio monstruoso en todos los sentidos, y paso a explicarme. El nombre de este ingenio conmemoraba al pionero de los aires Ferdinand von Zeppelin, Graf Zeppelin para los amiguetes *(el conde Zeppelin para los castellanoparlantes, para el que, si hubiera visitado el sur de nuestra piel de toro, sin duda se hubiera inventado alguna que otra rima basada en su nombre).*

Esta aeronave fue el mayor medio de transporte aéreo de su tiempo por envergadura, un mastodonte de unos 236 metros de longitud y un volumen de 105.000 m^3 *(no veas tú el globo hinchable este llenarlo soplando cual flotador de playa, ¡sobre todo si te toca inflarlo a ti!)*, que volaba gracias a la magia, jeje; pues no, volaba gracias a cinco potentes motores de 550 cv, siendo capaz de transportar hasta 60 toneladas en su vuelo.

Este ingenio surcó los aires en un período extremadamente corto; su vida útil duró lo que tarda en declararse una nueva Guerra Mundial (lo que nos gusta a los *Homo sapiens* una buena guerra), ya que fue mandado al chatarrero en 1940. En estos 12 años de vida, le dio tiempo de volar incluso sobre los casquetes polares, mandándose correos con un submarino que cruzaba el Polo Norte, a modo de experimento científico *(correos que imagino del tipo: «illo, ¿ahí abajo hace frío?, porque aquí arriba corre un vientecito fresco que no veas»).*

Lo más destacable de esta aeronave es que el 29 de agosto de 1929 completó su primer viaje alrededor del mundo, empleando en ello unos tranquilos y apacibles 21 días de vuelo *(para una urgencia no eran estas aeronaves)*. Un viaje del que disfrutaron a gustísimo los 20 pasajeros que albergaba como máximo este ingenio, que contaban con camarotes privados, restaurante, salón, bar de cócteles y hasta ¡sala de fumadores!

Y te preguntarás, ¿por qué no seguimos volando en dirigibles a todo lujo y sí lo hacemos en aviones que cada vez hacen más chicos e incómodos los asientos *(si me leen los jefes de las aerolíneas low-cost, se agradecería un poquito más de espacio entre una fila y otra, lo que permitiría que no se le cortara la circulación a gente grande como un servidor)*? Pues porque los dirigibles eran auténticas bombas de relojería, a punto de explotar al mínimo error técnico del ingeniero de turno. De esta forma, y desgraciadamente, lo más recordado de estos ingenios voladores fue el incendio del Hindenburg, un dirigible que explotó al intentar aterrizar en Nueva Jersey el 6 de mayo de 1937, originándose un fatuo incendio donde murieron 35 personas de las 97 que iban a bordo. El error no intencionado fue sustituir, por escasez, el gas helio —combustible de todos los dirigibles— por gas hidrógeno, altamente inflamable. Esto de usar hidrógeno como combustible está «de moda» en estos últimos tiempos, ahora que nos da por pensar en fuentes de energía renovables, pero ese tema lo dejamos para otro momento...

Para finalizar esta efeméride, decir como anécdota que el grupo de rock *Led Zeppelin* toma su nombre de estos ingenios, y que la portada de su primer disco fue, precisamente, la imagen del incendio del Hindenburg.

El Graf Zeppelin despegando a la velocidad del rayo.

25 de septiembre de 1905. Nace Severo Ochoa, Nobel de Medicina patrio

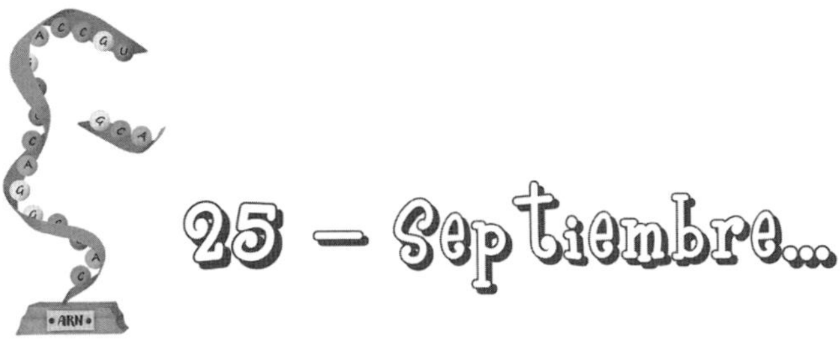

Un 25 de septiembre del año 1905 nace, en la localidad asturiana de Luarca, Severo Ochoa. Este médico y científico español, nacionalizado estadounidense en 1956, es, por ahora, uno de los dos representantes patrios en los Premios Nobel en una categoría distinta a la de Literatura *(que digo yo, que será que los españoles y españolas somos más de contar historias que de investigar, somos más de elevar el espíritu y reflexionar sobre las cosas materiales e inmateriales que de ponernos a descubrir el porqué de ellas)*. El otro Premio Nobel, también de Medicina, fue don Santiago Ramón y Cajal —descuide, que también tiene su *huequecillo* en este libro—, el resto de los españoles laureados con este galardón han sido literatos.

La importancia de este descendiente de don Pelayo, amante de los cachopos y las *sidrinas*, radica en que fue uno de los investigadores que, en mitad de siglo xx, se dedicaron a descifrar las letras que conforman nuestro código genético, algo universal a todos los seres vivos, unas investigaciones que llevaron a la síntesis del ácido ribonucleico (ARN), el ácido precursor del ácido desoxirribonucleico (ADN). Esto del código genético, los genes y todo lo que se ha armado con los transgénicos es tema para extenderme, y mucho, así que tranquilidad en las masas que se explicará en... otro libro (segundo toque a la editora de este compendio).

Lo inquietante, y a la vez interesante, es que estas investigaciones de Severo y sus colegas llegaron a la conclusión de que el material genético se puede modificar a nuestra conveniencia (¡algo que se conoce desde hace miles de años!), de ahí el miedo, en muchas ocasiones infundado, a los transgénicos, promovido por la publicidad anticientífica.

Retomando el hilo con el protagonista de esta entrada, a nuestro Severo le tocó vivir una época de la Ciencia de las más prolíficas (por saber, el asentamiento de la Química/Física Nuclear, el descubrimiento de la infinita energía de los átomos o, como no, las bases de toda la vida en la Tierra) y de las más aterradoras, ya que nuestro homenajeado vivió a golpe de exilio. En septiembre de 1936, una vez iniciada la Guerra Civil, huye hacia Alemania, donde anecdóticamente se desarrollaban las investigaciones químicas y bioquímicas más importantes del momento. Una vez iniciada la Segunda Guerra Mundial y, tras un tiempo de estancia en Oxford y *viendo las barbas del vecino cortar,* el matrimonio Ochoa da el salto a las Américas, instalándose en Estados Unidos en 1941.

Una vez instalado en Nueva York y disfrutando de algo que los científicos y científicas tenemos fuera de nuestra piel de toro, algo que llaman reconocimiento y reputación, ahí lo dejo escrito —si usted, querido lector, es de esos que puede hacer algo para revertir esto, es una pulla en toda regla—, pasa a formar parte de la plantilla en la Facultad de Medicina de esta ciudad, siguiendo con las investigaciones de sintetizar ARN a partir de las letras o sustratos que lo componen, unas investigaciones que le hacen merecedor del Premio Nobel en Fisiología o Medicina en 1959.

Pero estos merecimientos no eran nada en comparación con volver a la tierra que lo vio nacer, como todo científico que tiene que irse al extranjero para ganarse las habichuelas y estando fuera, se acuerda del buen clima, de los buenos productos, de los mimos familiares y de lo bien que se vive en este país. En fin, como esta historieta, desgraciadamente, es tan recurrente, ¿qué mejor que mostrar la vida de nuestro Severo en el extranjero? Con esto, bienvenido a la primera historieta de muchas de este libro, querido lector, 100 % inventadas *(rechace imitaciones)...*

Estamos en una primaveral tarde de 1959, en pleno centro de la Gran Manzana, en Nueva York, concretamente en la residencia del matrimonio Ochoa, junto a Madison Square Park. Se escucha el himno de Asturias a un volumen demasiado alto para el vecindario distinguido del edificio. Carmen García Cobián, la esposa de nuestro insigne y laureado científico, se dirige a él en tono severo, nunca mejor dicho.

—¡Severo, por favor, baja el volumen del gramófono, que nos van a llamar la atención los vecinos!

—Carmina, querida, es que tengo mucha morriña.

—Pero Severo, hijo, que llevamos ya en América casi veinte años... supéralo.

—Si es que cada día me acuerdo más de las fabes que me hacía mi madre, esas que ponían en juego todas las enzimas gástricas para poderlas digerir, de la cantidad de compango que tenían.

—Hombre sí, aquí fabes no hay, pero hay *baked beans,* que viene a ser más o menos.

—¡Qué va a ser! Nada que ver, mujer, te lo digo yo que de enzimas entiendo un rato. ¿Y qué me dices del cachopo de mi abuela, que lo hacía como nadie?

—Es verdad que estaba bueno, pero también era un poco pesado, ¿no crees? Sobre todo cuando lo servía en bocadillo para cenar.

—Pero, ¿tú sabes la de proteínas que eso tenía?

—Pues proteínas no sé, pero ardores daba una barbaridad.

—¿Y el queso, que el de aquí parece de plástico? No como el Gamoneu, eso sí que es un queso con sus vitaminas liposolubles y su calcio.

—Bueno, algo de eso tendrá el queso de aquí también. Pero Severo, ¿puede saberse a qué viene este repaso bioquímico de la gastronomía asturiana?

—Es que en el parque hoy estaban tocando la gaita y claro, me ha recordado a la tierrina.

—Claro, hoy es San Patricio, patrón de Irlanda. Aquí se celebra mucho ya que hay mucha gente de origen irlandés.

—Irlanda y Asturias, las dos tan verdes, las dos tan celtas, las dos tan...

—¡Las dos tan lejos! Déjate de gaitas que vamos a cenar, he preparado unas judías verdes cocidas con poquita sal que no tienen muchas proteínas ni muchas enzimas tampoco, pero que para el colesterol van fenomenal. ¿No querías bioquímica? Pues ahí la llevas.

Severo se pone a comer esas judías verdes, que sí muy verdes, pero muy insípidas, echando cada vez más de menos la gastronomía asturiana, la tierrina y todo lo hispano, porque sí; uno fuera se puede sentir muy científico, pero como en casa en ningún lado.

Las distinciones y el reconocimiento mundial fueron tales que hasta el régimen de Franco le facilitó el regreso, circunstancia que aprovechó para inaugurar, en 1971, el Centro de Biología Molecular Severo Ochoa.

Ochoa y amigos, en la fiesta de los Premios Nobel.

Y, para terminar, una nota de amor: en 1986 muere su mujer Carmen García Cobián, su gran amor y apoyo durante su carrera, lo que sume a Ochoa en una profunda melancolía, dejando desde ese momento de contribuir con ningún aporte científico. En 1993, cinco meses antes de su fallecimiento, este insigne científico nos deja en su biografía una cita de lo que fue para él su vida: «La vida es explicable casi, si no en su totalidad, en términos químicos. El amor es Física y Química». Todo un amor por la Ciencia como insignia.

2 de octubre de 1955. Se desactiva definitivamente el ENIAC, el primer cacharro-ordenador completamente digital

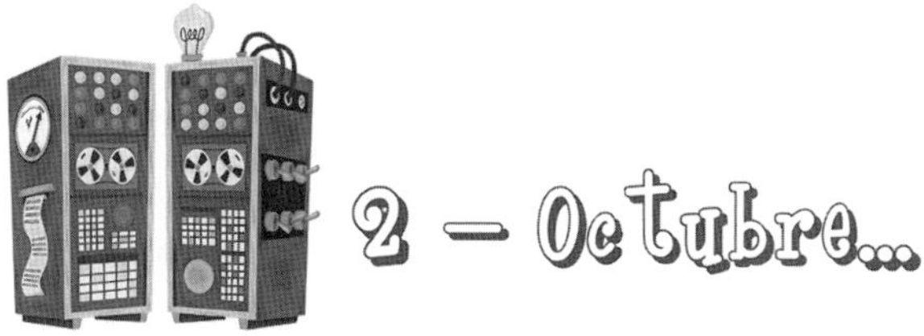

Y ahora una efeméride muy computacional. A las 23:45 del 2 de octubre de 1955, ENIAC, el primer ordenador de la historia completamente digital, es desactivado para siempre (y te preguntarás: ¿por qué tanto revuelo por apagar un ordenador si yo el mío lo pongo en *stand by* todos los días y no pasa *na de na*?).

Sencillamente, retomemos las palabras dichas antes —primer ordenador completamente digital— hasta ese momento las máquinas dependían de engranajes y diversos elementos mecánicos que hacían del operario una parte más, y de las más importantes, del artilugio. Con la puesta en marcha de esta computadora, dejamos de ser esclavos de programar y ensamblar partes mecánicas en estos ingenios, dando pie a partir de aquí a todo el desarrollo tecnológico que tan bien conocemos y que hace pensar en domótica, en inteligencia artificial o en un mundo repleto de máquinas que sean siervos de nuestros antojos.

El ENIAC, acrónimo de *Electronic Numerical Integrator and Computer* (te habrás quedado flipado, lo intuyo, con mi *english for modern life* o inglés para la vida moderna), fue una de las primeras computadoras más conocidas, ya que, hasta ese momento, no computaban ni hacían cálculos por sí solas, y se usó, ojo al dato, para intereses de propósito general. Concretamente, fue diseñada para calcular tablas de tiro de artillería destinadas al Laboratorio de Investigación Balística del Ejército de Estados Unidos *(vaya propósito general).*

En su desarrollo, el gran mérito se lo llevaron los ingenieros John Presper Eckert, que se encargó del *hardware* o de diseñar el armazón de esta computadora que ocupaba la friolera de 172 m^2 *(vamos, en esa época te comprabas el piso dependiendo del tamaño de la computadora)* y, por otro lado, de John William Mauchly, dedicado al diseño conceptual, o lo que es lo mismo, de «enseñarle» a la máquina las tablas de multiplicar y cómo usarlas para sus cálculos.

172 m^2 de ingenio y 27 toneladas de cacharro dan para mucho, y si no, fíjese: esta computadora operaba gracias a 17.468 válvulas electrónicas, 7.200 diodos de cristal, 70.000 resistencias, 10.000 condensadores y, lo mejor, ¡6.000 interruptores que tenían que accionarse manualmente! *(no veas el desafío al que le tocara la ronda de interruptores esa semana).*

¿Y quiénes se encargaban de la programación de esta computadora que estuvo encendida 10 años? *¿Tienes alguna idea de por dónde van los tiros, querido lector?* Pues desgraciadamente, como bien dice el refrán, «Mientras unos se llevan la fama, otros cardan la lana». De esta forma, homenajes, reconocimientos y muchas *fotitos de postureo* con no menos apretones fuertes de manos fueron la fama de nuestros dos ingenieros, mientras que cardaron la lana, con mucho curro por su parte, seis mujeres que se dedicaron a programar el dichoso cacharro y que, encima, cuando salían en las fotos de aquella época, se decía que eran modelos que posaban (con la sorna encima al decir que eran *refrigerator ladies,* nada más que añadir).

Dos ingenieras y programadoras haciendo su arduo trabajo.

Sin embargo, y gracias a la revisión actual que aboga por lo de «al César lo que es del César», sabemos que el grupo formado por Betty Snyder Holberton, Jean Jennings Bartik, Kathleen McNulty Mauchly Antonelli, Marlyn Wescoff Meltzer, Ruth Lichterman Teitelbaum y Frances Bilas Spence, no solo era un grupo magnífico de programadoras, sino que encima crearon rutinas para hacer esta programación más sencilla, un hito que significó una evolución en el desarrollo de estos y otros ingenios que vinieron *a posteriori,* ingenios que tanto bien hacen por nuestro cotidiano vivir.

9 DE OCTUBRE DE 1962. VE LA LUZ EL LED, EFEMÉRIDE TOTALMENTE LUMINOSA

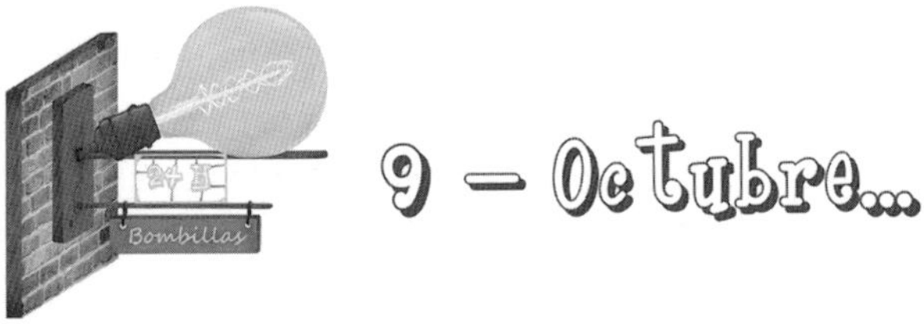

Esta efeméride va de luces y de tantos otros dispositivos que hacen de nuestro día a día algo más luminoso. Tal día como un 9 de octubre de 1962, vio la luz el primer emisor LED (del inglés *Light Emitting Diode*), de la mano del físico e inventor estadounidense Nick Holonyak Jr. *(hijo de Nick Holonyak Senior, del cual no he encontrado gran información, salvo que era inmigrante y trabajaba en una mina de carbón, aparte suponemos que sería una buenísima persona, amigo de sus amigos, altamente altruista, que incluso daría de comer a los patos en Central Park...).*

¿Qué propiedades tienen estos dispositivos que merecen tanto reconocimiento? La primera de ellas, fundamental en el ámbito de la industria, es que son baratos y fáciles de construir y, sobre todo, ofrecen una alternativa de luz a las cotidianas lámparas de incandescencia —también conocidas como bombillas— o lámparas de descarga —los no menos conocidos tubos fluorescentes—. La segunda es su gran aplicabilidad, gracias a la variedad de materiales de partida, que permite fabricar LED azules, violetas, rojos, verdes, blancos, utilizar sistemas orgánicos e, incluso, emplear energía cuántica *(vamos, un pelotazo en toda regla)*. Y, por si fuera poco, estos ingenios luminosos tienen un funcionamiento sencillo a más no poder: se conecta la corriente eléctrica al semiconductor superior *(lo que viene a ser un interruptor para los no científicos)* del diodo o LED, la corriente pasa y el susodicho material semiconductor emite luz. Según el material, tendremos a nuestra disposición luces de distintos colores.

¿Y dónde vemos estos LED, que son unas pequeñas bombillas miniaturizadas que solo necesitan una pequeña carga de corriente eléctrica para funcionar? Pues no sé tú, pero yo los veo todos los años en las lucecitas que se ponen en el árbol de Navidad de mi casa, árbol que es diversión, como no, de mis gatos... Pero, aparte de esta triste historia de un árbol que todos los días de las fiestas navideñas tiene que retocarse y montarse de nuevo, los LED tienen una gran aplicación en nuestro día a día. Así, por nombrar algún otro *ejemplillo,* aparecen en la iluminación de pantallas de televisión, ordenadores y móviles, en las luces de navegación de los aviones, en los faros de nuestro coche, en los anuncios publicitarios, en los semáforos, en las lámparas de destellos o en los papeles luminosos de pared. Infinitas posibilidades para un pequeño ingenio que hace que nuestra vida tenga otra luz, la luz LED.

El maravilloso y brillante mundo de los LED.

16 DE OCTUBRE DE 1846. POR FIN LLEGA LA CIRUGÍA SIN DOLOR

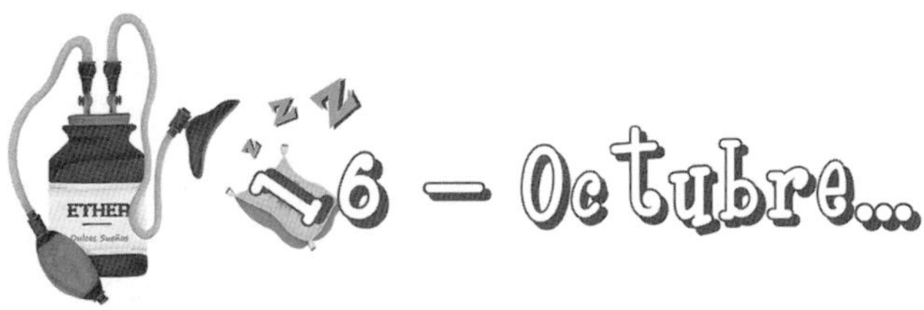

Seguro que no lo sabes, y si lo sabías ya te ha dado hasta dolor pensarlo, querido lector, pero hasta el 16 de octubre de 1846, ir al médico para solucionar un simple dolor de muelas se convertía en una auténtica tortura. Este día se exhibió al público la primera cirugía sin dolor, por parte del doctor William Thomas Morton, que empleó éter como anestésico.

Al parecer, este odontólogo estadounidense se habría dedicado al noble arte de convencer y charlar mientras que el paciente se atontaba y/o se mareaba con tanta diatriba, o directamente quedaba a expensas del aliviador alicate de turno *(la conocida táctica que dio lugar al no menos conocido dicho «hablas más que un sacamuelas»)*. Esta herencia de los sacamuelas la vemos ahora en los barberos que, en un conocido chiste cañí, en cuanto el cliente se sienta y se pone el trapo alrededor del cuello, antes de nada, se le pregunta: «¿fútbol o toros?», elección que hace que ya tengamos charla mientras dura el afeitado.

Pues bien, nuestro William Morton no solo era un estupendo y dedicado sacamuelas, sino que también era un magnífico investigador que andaba detrás de cómo mejorar el proceso quirúrgico a un nivel más indoloro, y para ello decidió usar este compuesto, el éter, que parecía mostrar efectos narcóticos *(o atontantes, de esos que te dejan con la media sonrisa de estar en los mundos de Yupi, creo que sabemos cuál es)*. El 16 octubre de 1846, ante una plaza *abarrotá (22, 22, 22, como decía el inmortal Dúo Sacapuntas)* de médicos y estudiantes de medicina, Gilbert Abbot, un paciente de 20 años, inhaló unos vapores de éter, tras lo cual cayó en los brazos de Morfeo y fue operado sin dolor alguno, extirpándole en este proceso un tumor superficial en el cuello.

Un día señalado en el que nos olvidamos por fin de las intervenciones dolorosas, y un día en el que nace la Anestesiología como disciplina médica.

Cirugía sin dolor, un avance sin igual en las intervenciones quirúrgicas.

23 DE OCTUBRE DE CUALQUIER AÑO. DÍA INTERNACIONAL DEL MOL, FIESTA NACIONAL DE TODOS LOS QUÍMICOS Y QUÍMICAS DEL MUNDO

Los 23 de octubre, como todos los años, los químicos estamos de ¡fiesta! Abrimos unas cervezas, que volcamos sobre el primer vaso de precipitado, erlenmeyer, probeta y/o/u otro material de laboratorio que permita actuar de receptáculo de sustancias líquidas, para celebrar el Día Internacional del Mol. El mol es la unidad de cantidad de sustancia, una de las siete magnitudes físicas fundamentales del Sistema Internacional de Unidades (*cuyo acrónimo deriva del francés* système international d'unités, *SI, para que veas lo políglota que es este autor*). La peculiaridad de este día es que hay que darse prisa en festejar, ya que esta celebración es muy corta, formalmente dura desde las 6:02 horas de la mañana hasta las 6:02 horas de la tarde, o sea, que en realidad es el Medio Día Internacional del Mol.

Una festividad que honra al mol, una palabreja que habla del primer consenso científico a la hora de definir la cantidad de sustancia de cualquier medio (ya sea este medio el aire, un líquido, el extenso Universo o un simple sándwich de pavo). Hasta la definición de mol, que haciendo *spoiler* implica un número muy grande, los científicos y científicas de turno del siglo XIX no lo tenían nada claro. Tomaban, claro está, como referencia de medida el peso de una sustancia e intentaban casar eso con unos patrones de masa que hablaran del número de átomos o moléculas, y aquello no pegaba ni con cola extrafuerte.

En este tiempo se definieron términos en desuso como equivalentes, átomo-gramo, molécula-gramo, fórmula-gramo y un largo etcétera *(anda que no sería chulo llegar al mostrador de la charcutería y pedir por favor que te pongan, en vez de cuarto y mitad de pechuga de pollo, 500 átomos-gramos de esta ave. La cara del charcutero no tendría desperdicio...).*

Pero ante las dificultades y penurias de la vida, ponga un abogado, pero si eres químico, es mucho mejor un Avogadro *(el chiste es malísimo, lo sé, por lo cual reciba mis más sinceras disculpas hasta el próximo chiste malo).* Amadeo Avogadro definiría la cantidad de sustancia gracias a su constante. Este simpático y ojeroso científico italiano *(sí, sí, busquen una imagen en Internet y verán que no miento...)* propuso, en 1811, que un volumen de un gas, a una determinada presión y temperatura, es proporcional al número de átomos o moléculas, independientemente de la naturaleza propia del gas *(o sea, tendrían el mismo número de particulitas el gas butano de nuestra cocina o el gas que alegremente vierten a la naturaleza las simpáticas vacas por el desagüe de atrás, o el hidrógeno que hizo estallar el Hindenburg; todo dicho en esta comparativa gaseosa y algo olorosa).*

Otros experimentos relacionados llegaron a la conclusión de que esta constante definía perfectamente la cantidad de sustancia (la palabra mol fue introducida ya mucho más tarde, en 1886, del latín *mole* —pila, montón) y de estas salió el famosísimo número que todo científico tiene grabado a fuego y lo recita cual mantra. Un mol son $6{,}022 \times 10^{23}$ de sustancias elementales *(entiéndase átomos, moléculas o rodajas de chorizo —está visto que no he tenido que desayunar fuerte mientras redacto estas líneas—).*

¿Y cómo de grande es este número? Pues muy muy grande, pero como buen científico voy a acabar la efeméride con un cálculo matemático, un experimento mental que hará más entendible la magnitud de este número. Imagínate, querido lector, que por un instante te han contratado como contador de átomos *(una profesión que cuando acabe estas líneas verás que es durísima)* y te pones a contar a una velocidad de 100.000 átomos por segundo, porque sabemos que cuando te pones te pones. La cuestión es que la tarea no te renta y decides reunirte con otros 9 amiguetes, les hablas de las bondades de tu trabajo y nada, los 10 os ponéis a la misma tarea y a la misma velocidad. Pues haciendo unos cálculos rápidos, necesitarías la friolera de más de 19.000 millones de años para contar todos los átomos que hay en un mol. Teniendo en

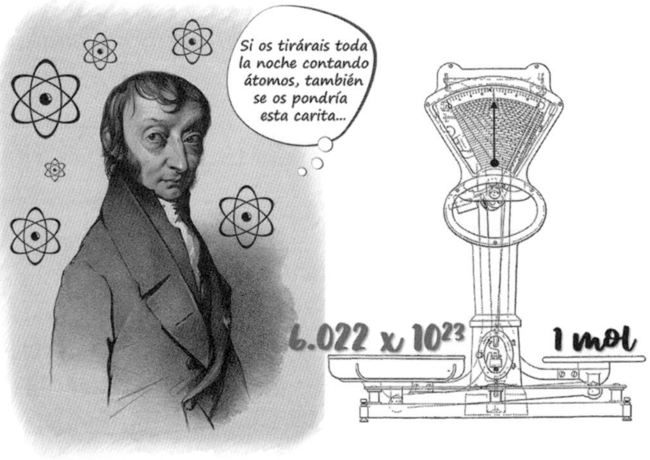

Amadeo Avogadro y sus problemas con el conteo de sustancias elementales.

cuenta que la Edad del Universo se estima en unos 13.600 millones de años, y suponiendo que hubierais empezado la cuenta en el mismo momento del *big bang* ¡todavía no habrías terminado tan ardua tarea!

Porque sí, el saber no ocupará lugar, pero el mol habla de cantidad de sustancia y ¡anda que no hay sustancias a lo largo y ancho del Universo!

30 DE OCTUBRE DE 1961. ESTALLA EL ARTEFACTO NUCLEAR MÁS POTENTE DEL MUNDO. ¡VAYA PEPINAZO!

Un 30 de octubre de 1961 estalla la «bomba del Zar», el artefacto nuclear más potente del mundo. ¡Vaya pepinazo y susto que metió! En esta época de los años sesenta, el mundo andaba en lo que se ha denominado «Guerra Fría» *(que digo yo que de fría* na, *que toda la gente parecía que tenía unas ganas enormes de darse de tortas a cascoporro)*, una época convulsa donde las dos grandes potencias Estados Unidos y URSS estaban liadas con eso de a ver quién poseía más bombas, y cuanto más potentes mejor. Y en estas que llegó el primer ministro ruso Nikita Khrushchev, rodeado de sus grandes amigos bebedores del vodka más fresquito y comedores de la ensaladilla más rusa y dijo «pa chulo chulo, mi pirulo» y nada, lanzó esa prueba atómica que te traigo como efeméride.

Antes de meternos de lleno en ella, resulta curioso que algo con tanto poder e impacto mundial pasara a ser secreto de Estado, y toda la información referente a ella se desclasificara hace *na* y menos, en 2020, coincidiendo con la celebración del 75 aniversario de la puesta en marcha de la industria nuclear rusa (que pienso yo, secreto a medias, ya que se enteró hasta el *tato* y la nube típica de la detonación de un artefacto nuclear se pudo ver a 1.000 km de distancia, alcanzando una altura cercana a los 64 km).

¿Y en qué consistía esta arma letal *(y no, no hablo de la serie de películas de acción de Mel Gibson)*? Pues este artefacto era una bomba de fusión que utilizaba hidrógeno y que funcionaba en tres etapas fisión-fusión-fisión *(tranquilo, que esto de las reacciones de fusión y fisión lo ex-*

plicaré en otro libro, que para eso estoy currándome la renovación en la editorial), en cuyo diseño se teorizó con que podría alcanzar unos 100 megatones de energía, aunque al final se quedaron en unos nada desdeñables 50 megatones *(y antes de que pongas cara de cabra mirando desde lo alto de un precipicio, aclararé que un megatón equivale a la energía liberada por un millón de toneladas de explosivos tipo dinamita o, en términos menos bélicos, la energía liberada en una buena tormenta eléctrica).*

Pues una tranquila y fría mañana de octubre de 1961, en el archipiélago de Nueva Zembla, en el océano Glacial Ártico, en unas rutinarias y típicas pruebas de «tiro una bomba y a ver qué sucede», el comandante Andrei Durnovtsev, a los mandos del bombardero Tupolev Tu-95, accionó la palanca de soltar dicho artefacto a las 11:30 horas desde una altura de 10.500 metros, huyendo rápidamente a la zona segura para ver si aquel pedazo de pepino explotaba o no. Solo tres minutos después, estando a una altura de 4.000 metros, la bomba del Zar explotó, creando una onda de choque tan poderosa que los vidrios de casas situadas a un radio de 900 km de la zona cero se rompieron liberando una cantidad de energía tal que una persona situada hasta 100 km de distancia podría haber sufrido quemaduras de tercer grado.

Bomba atómica haciendo mucha pupa.

Un petardazo en toda regla que sonó fortísimo, para envidia de las mascletás valencianas (*amunt València* con sus buenas paellas y sus riquísimas horchatas de chufa). Pero, ¿y la energía liberada? Para hacernos una idea de lo terrorífico que hubiera sido, en comparación con la bomba que arrasó Hiroshima y que dio fin a la Segunda Guerra Mundial, la bomba del Zar era 3.800 veces más potente, pero también en comparativa esta energía supuso la cuarta parte de la energía liberada por el volcán Krakatoa o el doble de la energía que recibimos del Sol en la Tierra en un segundo. En resumen, un arma letal que demostraba el poder ruso, más allá del vodka de más alta graduación alcohólica, y que supuso la versión más terrorífica del uso de la energía nuclear, esa fuente de energía que hace mucho por nuestra especie energético-dependiente.

7 de noviembre de 1867. Nace Marie Curie, la primera persona con dos Premios Nobel en su bolsillo, ¡vaya crac y Balón de Oro en Ciencias!

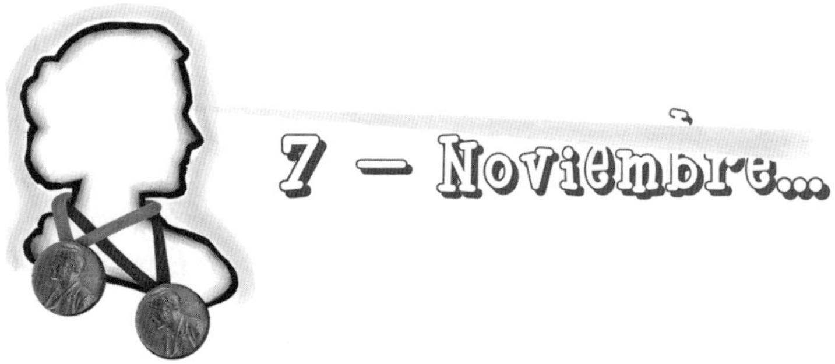

Tal día como un 7 de noviembre, pero de 1867, nace en la ciudad de Varsovia Marie Salomea Skłodowska, una mujer que con ese nombre seguro que no te sonará a nadie conocido, a no ser que te diga que su apellido de casada fue Curie. Sí amigo y/o amiga de la Ciencia, esta efeméride habla de la gran Marie Curie o madame Curie, la única mujer poseedora de dos Premios Nobel por sus investigaciones en el campo de la Física (1903) y de la Química (1911).

Esta crac y Balón de Oro de la Ciencia *(que digo yo, querido lector: ¿para cuándo un reconocimiento mediático de la misma manera que a los futbolistas para los pobrecillos seres humanos que nos dedicamos a la Ciencia? Ahí dejo eso escrito...)* dedicó su vida, literalmente, a la Ciencia. Normal que en este libro se le rinda homenaje en esta efeméride pero, como es tan conocida y es el ejemplo inmediato de mujer científica, y se han escrito tantos libros, documentales, artículos y demás panfletos sobre ella, me voy a parar solamente en aquellos aspectos menos conocidos de su vida, más anecdóticos, más del día a día.

Como ya has leído, nació en Varsovia ese 7 de noviembre de 1867, capital de una Polonia repartida entre Rusia, Prusia y Austria, siendo la quinta hija de un profesor de Física y Matemáticas, y de una maestra, pianista y cantante *(con estos progenitores, normal que la niña saliera con inquietudes en la vida)*. Si bien era una estudiante modelo, en su casa no llegaba el alpiste para grandes estipendios, y llegó a un acuerdo, un pacto entre damas, con su hermana Bronislawa, para financiarle los estudios de Medicina, a cambio de ejercer como institutriz de una familia terrateniente polaca. Una vez establecida su hermana, ella echaría una mano a nuestra Marie. De todas formas, nuestra científica no aceptó la ayuda hasta poder pagarse ella la matrícula universitaria, una acción que le llevó año y medio para reunir los fondos necesarios.

En 1891, llega a París y en nada se independiza de la ayuda familiar, yéndose a vivir a una buhardilla cerca de la conocida Universidad de París —La Sorbona—, donde se matricula, ahí es *na,* de Física y Matemáticas *(y querido lector, mala estudiante no tendría que ser porque en la Facultad de Ciencias estaban matriculados 1.800 hombres y 27 mujeres, y Marie acabó graduándose la primera de su promoción en Física y la segunda de Matemáticas, toma ya, olé nuestra Marie).* En este periplo fueron conocidos sus episodios de desmayos, ya que ni tenía tiempo ni dinero para comer, estudiando por el día y dando clases por la noche.

En 1894, inicia su carrera investigadora al comenzar su doctorado y conoce a Pierre Curie, que se prenda de ella hasta las cachas y compartiendo su amor común por la Ciencia, le pide matrimonio. Al principio, Marie le da calabazas... *científicas claro,* pero más tarde, acabó aceptando la propuesta de forma rotunda. El matrimonio, bajo el paraguas del gran científico Henri Becquerel, empieza a trabajar con unas extrañas sales fluorescentes de uranio, siendo esta la base de la tesis doctoral de Marie, que la defendió en 1903, obteniendo la máxima nota. En este intervalo, nace su primera hija, Irene Curie, en 1897 *(que de forma anecdótica ayudó activamente a su madre, tanto que también ganó un premio Nobel de Química en 1935 y que también —haciendo un* spoiler *a este repaso biográfico— sufre una muerte prematura por leucemia a causa de la sobreexposición al material radiactivo)* y empiezan a trabajar en unas instalaciones tipo cobertizo de la Escuela Superior de Física y de Química Industriales de París.

Es en ese año de la tesis doctoral cuando llega el primer reconocimiento mundial, el Premio Nobel de Física junto a su marido y su mentor Becquerel por los descubrimientos relacionados con los fenómenos de radiación. Un reconocimiento que es un *pelotazo* para la familia Curie, ya que la Universidad de La Sorbona le ofrece la cátedra de Física a Pierre Curie, además de una buena subida de sueldo *(y la cosa iría tan bien que en 1905 nace la segunda hija del matrimonio, Eva).*

Pero, tanto color de rosa y tartas de fresa empalaga, y la vida real es dura y golpea cuando menos te lo esperas, de tal forma que en 1906 fallece Pierre Curie, ¿por la exposición a la radiactividad o por edad? No, solo porque no vio venir un coche de caballos en un día lluvioso, que lo arrolló y le produjo una fractura mortal en el cráneo *(suena a broma, pero así fue la acción fatídica).* Viuda y con dos niñas pequeñas, una mujer cualquiera se echaría a llorar *(la verdad, con razón),* pero nuestra Marie era una tía de armas tomar y las cosas se afrontan de frente... Así que, lo primero que hizo fue reclamar el puesto de su marido, convirtiéndose en la primera mujer del mundo mundial en ser profesora de esta prestigiosa universidad, además de la primera directora de un laboratorio de esta institución.

Además, en todo este periplo, reclama la paternidad de dos nuevos elementos químicos altamente radiactivos, el radio, que le da nombre a la nueva forma de energía descubierta, la radiactividad, pero al primer elemento químico que descubre tiene los *ovarios* de ponerle polonio, en honor a su patria altamente ocupada por tropas extranjeras, reclamando algo de libertad y sentimiento nacional en esta acción.

Fue una científica brillante, pero sobre todo incansable, ya que, para descubrir esos elementos químicos y en toda su actividad científica, tuvo que tratar grandísimas cantidades de rocas naturales que presentaban radiactividad, en este caso, la pechblenda, un mineral que es mena de uranio. Un dato para que veas qué *pedazo y sufrido* curro: para obtener 0,01 miligramos de polonio se necesitaban procesar 60 kilogramos de pechblenda.

En 1911, la Academia Sueca le concede un segundo Nobel, esta vez en solitario, y de Química, por «sus servicios en el avance de la Química por el descubrimiento de los elementos radio y polonio, el aislamiento del radio y el estudio de la naturaleza y compuestos de este elemento».

Marie Curie, mujer top y *echá p'alante* en todo lo que se propuso en la vida.

Cosas que seguramente no sabías sobre Marie Curie (te pillé)

Muerto Pierre Curie, Marie parece ser que inició un romance con un antiguo alumno suyo, Paul Langevin, situación que pudo ser el detonante de que la mujer de este pidiera el divorcio, amenazara de muerte a nuestra científica, los tabloides de la época tacharan como escándalo este flirteo (llegándola a tachar los más sensacionalistas de «rompehogares y de judía extranjera»), e incluso poniendo en duda el merecimiento de su segundo Premio Nobel (*manda* riles *la prensa del corazón...*).

Con el estallido de la Primera Guerra Mundial, fue una de las primeras mujeres en sacarse el carné de conducir con un único motivo: llevar las ambulancias donde se encontraban las primeras unidades móviles de rayos X, que se empezaron a llamar las *petit Curie,* unidades móviles fundamentales para saber la dolencia de los soldados heridos en el frente. Con este gesto, se convierte en la directora del Servicio de Radiología de la Cruz Roja francesa, y creó el primer centro de radiología militar de Francia, siendo asistida por su hija Irene y un médico, poniendo en marcha 20 unidades móviles de radiografía y más de 200 unidades radiológicas en los hospitales de campaña durante el conflicto bélico (acción que sufragó de su bolsillo, olé tú, Marie).

Durante esta Primera Guerra Mundial, nuestra Marie Curie puso a salvo lo que creía más importante para que no cayera en manos alemanas: un gramo de radio puro que tenía en el laboratorio. Ni corta ni perezosa, y siendo más lista que el hambre, transportó este gramo de radio, envuelto en un bulto de 20 kilogramos de plomo, en tren junto con un representante del Gobierno francés, depositándolo en un banco de Burdeos. Pasado el peligro de invasión de París por parte de las tropas alemanas, este radio volvió a París y sirvió muy y mucho para los fines médicos de las unidades radiológicas.

Nuestra heroína muere a los 66 años de una anemia aplásica, fruto de un envenenamiento progresivo con el material radiactivo y la sobreexposición al mismo —se comenta que llevaba en los bolsillos tubos de ensayo con este material durante días y los guardaba cerquita suya, en un cajón de su escritorio—. Es más, esa radiactividad sigue presente en sus documentos de trabajo, tanto, que se guardan en cajas forradas con plomo, y si se quieren consultar, debe usarse ropa de alta protección radiológica.

Honores en vida y honores en el descanso eterno. El matrimonio Curie tiene el honor de reposar, desde 1995, en el famoso Panteón de París, eso sí, *forraditos en plomo,* gracias a la intervención del entonces ministro François Mitterrand que directamente anunció que reposarían toda la eternidad en este inmueble debido a sus méritos propios.

Maria Salomea Skłodowska Curie, un ejemplo de constancia y amor por la Ciencia.

12 de noviembre de 1916. Fallece Percival Lowell, el astrónomo que descubre Plutón y ciertos canales de agua en Marte. ¡Que vivan los marcianos!

Tal día como un 12 de noviembre, pero de 1916, fallece Percival Lowell, astrónomo estadounidense que tiene como *hits* fundamentales, por un lado, un gran fallo y, por otro, una gran predicción. Empezaremos por su gran fallo: el creer de la existencia de canales artificiales de agua en Marte. Sí, tal y como lo estás leyendo, este astrónomo fue el que nos metió la idea que da vueltas por nuestro imaginario sobre la existencia de vida inteligente en Marte *(que digo yo, sería que no vería mucha de esa vida inteligente en su entorno cercano, ahí lo dejo...).*

Esa idea la recogió del astrónomo italiano Giovanni Schiaparelli, que le dio por Marte como objeto astronómico de estudio y que vio una serie de depresiones en el suelo que se extendían de forma rectilínea por miles de kilómetros con una anchura media de unos doscientos kilómetros. Hasta ahí todo correcto, hasta que llegó la versión *balata* del traductor de turno que se usó para pasar del italiano al inglés, donde esos canales se tradujeron por *canals* en vez de *channels,* dos palabras que claramente no son sinónimas, ya que la primera alude a una construcción artificial mientras que la segunda —la traducción más adecuada de los *canali* que divisó Schiaparelli— hace referencia a una formación natural del terreno por la que discurre agua.

Este concepto de *canals* lo admite como idea de cabecera nuestro Percival Lowell de forma dogmática y, sin cortarse un pelo de más del bigote, se pasó media vida tratando de demostrar esa existencia de vida inteligente en el vecino planeta rojo. Es más, se vino arriba y publicó *Marte* en 1895, *Marte y sus canales* en 1906, y la mejor, *Marte como morada de vida* en 1908, donde sugiere que esos canales eran enormes obras del mejor ingeniero de caminos, canales y puertos marciano, y que estaban diseñados para mejorar la vida de estos extraterrícolas administrando los escasos recursos del planeta *(vamos, que tal y como lees, nuestro homenajeado flipó, y mucho)*. El tiempo y, sobre todo, la mejora en la instrumentación de observación del planeta vecino ha tirado por tierra esta idea peregrina.

Frustrado seguramente con la poca acogida de sus ideas sobre Marte, se pasó los últimos ocho años de su vida dándole al coco con respecto a una idea, esta vez sobre una buena medida astronómica. Debía de haber algo que perturbaba la órbita del planeta más exterior del Sistema Solar *(que digo yo, ¿no se podría haber ido más lejos a observar?)*. Investigando los movimientos de Neptuno, y no viendo realmente otro objeto planetario por la vecindad, teorizó sobre la existencia de un planeta X *(que, dicho así de misterioso, suena a planeta de películas de superhéroes de Marvel o DC Comics)*.

Percival Lowell currando a tope e imaginándose otros mundos extraterráqueos.

Las medidas posteriores que siguieron a la muerte de este astrónomo parecían que no daban mejores resultados hasta que, pasados 14 años, en 1930, el astrónomo Clyde Tombaugh, seguidor y trabajador del laboratorio Lowell —laboratorio montado en mitad de Arizona por nuestro homenajeado en esta efeméride—, descubre ese nuevo planeta. Siguiendo la costumbre de nombrar a nuestros vecinos planetarios del Sistema Solar con el nombre de un dios de la mitología romana, se denominó Plutón a este último planeta del Sistema Solar *(planeta que perdió tal condición en 2006, pasando a clasificarse como planeta enano —un minuto de silencio por esto y por tenerlo que estudiar en la EGB como planeta—)*. Un planeta que honraba la memoria de Percival Lowell, ya que las dos primeras letras son las iniciales del nombre de nuestro ya, por fin y una vez fallecido, famoso astrónomo.

18 DE NOVIEMBRE DE 1941. FALLECE WALTHER NERNST, PADRE DE LA TERMODINÁMICA, LA CIENCIA QUE HABLA DE CÓMO SE MUEVE NUESTRO MUNDO

Tal día como un 18 de noviembre, pero de 1941, fallece Walther Nernst, físico y químico alemán, pionero de eso, de la Química Física o de la Física más Química, una rama que relaciona de forma estrecha la energía y la materia, tratando los procesos de transferencia de calor y cómo se puede realizar un trabajo con la materia.

Nernst fue un pionero en esta disciplina, postulando el tercer principio de la Termodinámica *(los dos primeros para otro día, que tienen su cosilla y hay que dedicarles un buen rato para comprenderlos),* que se denomina también Teorema del calor, en el cual se habla de que la entropía de una materia tiende a anularse cuando su temperatura se acerca al cero absoluto de temperatura 0° Kelvin *(una temperatura algo más baja que la registrada en Burgos en invierno).* Pero, esto de la entropía, ¿qué narices es? La entropía es una magnitud, postulada por físicos, que cuantifica el grado de desorden del Universo y de la tendencia natural de este a los estados más «desordenados», es decir, de mayor entropía. El ejemplo más claro que conozco de este fenómeno es la tendencia natural de cualquier habitación de cualquier adolescente en cualquier parte del mundo *(tendencia que yo argumentaba a esas edades a mi señora madre para no ordenarlo y, por tanto, no contradecir al vasto Universo).*

Nuestro amigo Walther fue un modelo de científico, curioso a reventar, que se interesó por temas como la Termodinámica, la Electroquímica, la Química del estado sólido o la Fotoquímica, además de estar relacionado con desarrollos tecnológicos como una lámpara incandescente de circonio e itrio, empleada como fuente de rayos infrarrojos, la invención de una balanza e, incluso, de un piano eléctrico con amplificadores de radio.

Con todo esto, normal, le concedieron el Premio Nobel de Química por sus investigaciones en 1920, pero se lo dieron curiosamente en 1921. ¿Olvido del cartero? ¿Pérdida de ruta de la paloma mensajera que llevaba el galardón en el cuello? Pues no, simplemente las candidaturas de ese año no se ajustaban a los criterios establecidos en el testamento de Alfred Nobel, el tío que puso en marcha estos reconocimientos y del cual hablaremos en otro momento en este libro, seguramente algunas páginas más adelante, así que no se preocupe.

Y con esto cierro la efeméride, para dar entrada a la Termodinámica, una Ciencia química que habla de la energía más física.

Nuestro amigo Nernst dando una lección magistral (vamos, la turra) a otros colegas del gremio.

Unos datos, que nunca vienen mal ni hacen daño, sobre termodinámica

Me retracto y he pensado: ¿por qué no hablar de los principios de la termodinámica que restan? Si bien el principio tercero habla del desorden, los dos primeros sientan las bases de esta disciplina de la Física. Así, el primer principio establece que un sistema cerrado intercambia energía en forma de calor y trabajo, acumulando energía en forma de energía interna. En cristiano, la energía se conserva —un hecho que podemos ver en cualquier acción cotidiana en la que haya intercambio energético, ya sea lanzar un balón al aire o que se mueva un pistón en una máquina de vapor—.

El segundo establece que la entropía de cualquier sistema y del Universo en general tiende a aumentar. *Ea,* lo dicho, que el desorden es un hecho y todos los sistemas tienden al desorden —por ejemplo, y sin volver al chiste del cuarto desordenado, un cubo de hielo, en condiciones normales, siempre se fundirá—. Para que ocurra el proceso inverso, tenemos que aplicar energía al sistema y, por tanto, ponernos en contra del normal desarrollo del caótico Universo.

26 DE NOVIEMBRE DE 1922. SE DESCUBRE LA TUMBA DE TUTANKAMÓN ¡CUIDADO CON LAS MOMIAS QUE VUELVEN A LA VIDA Y NOS ASUSTAN!

Tal día como un 26 de noviembre, pero de 1922, se descubre la tumba de Tutankamón, una de las momias más conocidas por la famosa maldición que supuestamente encerraba su tumba (La maldición de Tutankamón, *no sé tú, querido lector, pero a mí esto me suena a peliculón de cine y palomitas*).

Existen controversias con respecto a la fecha del descubrimiento, ya que hay fuentes que citan el 4 de noviembre como fecha clave, pero esta fecha habla del descubrimiento del acceso a la tumba por parte de Howard Carter, arqueólogo, egiptólogo y encargado de no dejar tranquilas a las momias y desenterrarlas para exponerlas en un museo cual muestra de artesanía étnica *(total, que en 22 días se dedicaron a retirar tierra como si no hubiera un mañana, desenterrando desde el acceso hasta la entrada de la cámara funeraria).*

Y esto de descubrir la tumba de la momia más conocida del mundo mundial no es *peccata minuta,* ya que nuestro Howard empezó buscando, cual cerdo trufero, alguna tumba para demostrar su arte desenterrando momias, una carrera que comienza en Tebas en el complejo funerario *Convento del Norte* en 1907. Para ello, nada mejor que un buen contrato que tiene como protagonista a George Edward Stanhope Molyneux Herbert, quinto conde de Carnarvon, aristócrata y mecenas inglés que se encaprichó en eso de la arqueología.

El arte de nuestro Howard no tendría que ser muy malo, ya que renovó contrato, y en 1914 empezaron las excavaciones en el Valle de los

Reyes *(valle que ya de por sí, con ese nombre, te da una idea de que algún monarca disecado te vas a encontrar)* con un equipo de trabajo en busca de la tumba de Tutankamón —monarca egipcio que murió prontito, a los 19 años, aquejado por escoliosis, una deformidad en los pies que le hizo apoyarse toda su vida sobre bastones, y malaria, vamos, una joyita de monarca—. Los trabajos, parados durante la Primera Guerra Mundial, no daban resultados, y a inicios de 1922, a lord Carnarvon se le estaba agotando la paciencia, las ganas de seguir desenterrando cosas y sobre todo la pasta pero, después de discutir con nuestro Howard Carter, decide que esa temporada será la última *(en plan, o me encuentras algo enterrado de valor o me retiro a mi condado a seguir haciendo mis cosas de conde).*

El 4 de noviembre de 1922, el chico aguador del equipo de arqueólogos tropezó con una piedra y encontró el inicio de una escalinata que resultó ser el acceso a la tumba de nuestro Tutankamón *(que digo yo, eso es potra elevado a la enésima potencia y lo demás son tonterías).* Los trabajos se retomaron con ánimos renovados, y el 24 de noviembre terminaron de excavar la escalinata y encontraron un cartucho egipcio que ponía «aquí está Tutankamón» *(bueno, seguramente pondría algo parecido a escarabajo, escarabajo, ojo de Ra, halcón, báculo, ojo de Ra).*

El 26 de noviembre, por fin, y después de tantos años de excavaciones en el desierto, Howard Carter, martillo y cincel en mano *(cincel que anecdóticamente su abuela le había regalado para su decimoséptimo cumpleaños, y esto no es broma),* realiza una abertura en la esquinita superior derecha de la puerta que sellaba la antecámara y tanto él como lord Carnarvon, Evelyn —la hija del conde— y el ayudante del arqueólogo Arthur Callender ven por primera vez en tres milenios la última morada de nuestro faraón que, ya fastidiado por ser despertado de su eterno letargo, les impondrá la maldición más famosa de la historia de las momias (*una maldición que, dada la cantidad de personas que se llevó por delante, yo la habría llamado* La maldición de Tutanmamón).

¿Y nuestro Howard Carter? Murió de viejo, rodeado del aura que solo tienen los grandes descubridores, abriendo el camino de la arqueología como una disciplina científica que descubre y data las antiguas civilizaciones, dejando una impronta de hallazgos y una base de datos increíble de notas, fotografías y diarios de excavación que abarcan los nada desdeñables 5.398 objetos encontrados en la tumba de Tutankamón.

Tal fue su amor por Egipto y su antiguo imperio que en el epitafio de su tumba se puede leer la cita de una de las copas de Tutankamón, que dice así: «Larga vida a tu espíritu, que pases millones de años, tú que amas Tebas, sentado con el rostro hacia el viento norteño y tus ojos resplandecientes de felicidad».

Howard Carter haciéndole unos retoquillos a su momia favorita.

3 DE DICIEMBRE DE 1967. SE REALIZA CON ÉXITO EL PRIMER TRASPLANTE DE CORAZÓN Y ¡A SEGUIR LATIENDO SIN PARAR!

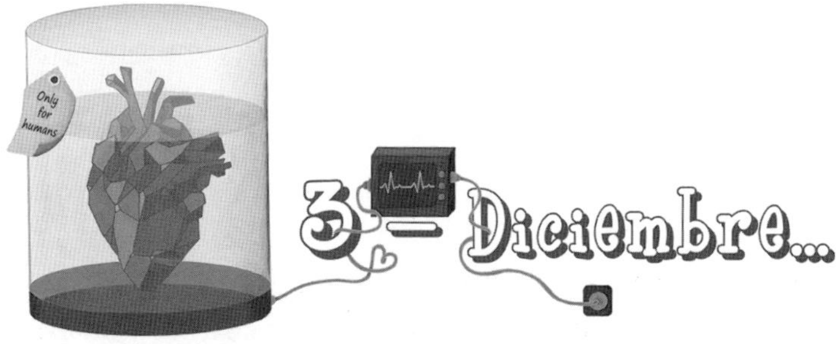

¡Efeméride clínica al canto! El 3 de diciembre de 1967 se realiza con éxito el primer trasplante de corazón. Hasta ese preciso instante, ese tipo de operación era más bien una misión imposible, una quimera o peor aún, en tiempo de mis adorados griegos, algo impensable. Por hacer una breve reseña —y de paso, leña del árbol caído— para Aristóteles, el gran filósofo, el corazón era el órgano vital de nuestro cuerpo, por una serie de características reseñables: creyó que el corazón era el origen de la vida y de la sangre, y que todos los órganos del cuerpo se formaban a partir de él. Además, en el corazón residirían la inteligencia y el alma, que gobernarían el cuerpo desde este órgano. Tal era el papel principal de este órgano, que nuestro Aristóteles nos deja una frase para la posteridad: *pensamos con el corazón, y el cerebro solo se dedica a enfriar la sangre proveniente del mismo después de haber pensado.* Sin comentarios... Mejor que volvamos a la efeméride y al asunto de los trasplantes.

Desde los inicios, el deseo de mejorar nuestra salud o nuestro aspecto físico siempre ha estado ligado a nuestra propia evolución como especie. Así, civilizaciones como la egipcia, persa o griega muestran manifestaciones de un ideal de ser humano usando partes de animales, unas manifestaciones que les otorgaría características cercanas a los dioses. El exponente más claro es el dios hindú Ganesha, nacido hombre y con cabeza de elefante, un trasplante que le otorgaría fuerza y sabiduría *(y de ahí, el asignar esa idea de tener memoria de elefante a una persona sabia).*

Esta idea se sostuvo en el tiempo y no fue hasta el siglo xx cuando se materializa. ¿Por qué no llega antes? Pues por muchos motivos, que van desde convicciones religiosas hasta la mala instrumentación y técnica pero, sobre todo, porque no se había descrito la sutura vascular. De esta forma, el primer trasplante documentado fue el de un injerto renal de un cerdo implantado en el codo de una señora por parte del médico y cirujano Mathieu Jaboulay en 1906.

Las investigaciones fueron avanzando, mejorando el proceso de trasplante, y con eso te sitúo, querido lector, en una bonita jornada en Cape Town, Sudáfrica, el 3 de diciembre de 1967. Ese día, Christiaan Barnard sorprende a todo el mundo realizando el primer trasplante de corazón a un paciente de 54 años desahuciado por un problema cardiaco irreversible y una diabetes aguda, actuando como donante una mujer de 25 años con politraumatismos y graves lesiones cerebrales. El acontecimiento fue tal que, al día siguiente, Christiaan afirmaba haber «pasado de ser un simple cirujano en Sudáfrica a ser una celebridad mundial».

Y es que este acontecimiento fue un hito no solo por el hecho de ser la primera vez que se hacía este trasplante con garantías —en años anteriores, se intentó hacer con el corazón de un chimpancé, pero la operación no llegó a buen puerto, debido sobre todo a la diferencia de tamaño del órgano— sino también porque fue el primer cirujano en utilizar el corazón de una persona en muerte cerebral, cambiando así el concepto de muerte para siempre, aunque no sin polémicas. Hasta ese momento, la muerte de un ser humano se certificaba con la pérdida irreversible de las funciones del corazón y los pulmones. Sin embargo, este cirujano fue el primero en introducir la controversia de que la muerte puede tener dos vertientes: muerte cerebral y muerte cardiaca.

Sea como fuere, Christiaan Barnard abrió una senda en la medicina actual, la de los trasplantes, en pro de seguir mejorando como especie. Pero esta senda no estuvo exenta de polémicas. La primera la has leído en párrafos anteriores, fue el primero en utilizar en calidad de donante a una paciente «casi muerta», pero cuyo corazón todavía latía. Cualquier ley gubernamental le hubiera parado los pies, pero en Sudáfrica las leyes eran más flexibles y pudo salir adelante esta operación. De esta forma, una vez certificada la muerte cerebral, el equipo del doctor Barnard —que lo componían 20 cirujanos— se puso, bisturí en

Christiaan Barnard echándose un piti en la rueda de prensa después de la primera operación a corazón abierto (vamos, yo hubiera hecho lo mismo).

mano, a trasplantar, durante 5 horas, el corazón de una persona a otra. La impresión del momento también nos la dejó redactada, en las notas de la operación, nuestro homenajeado cuando afirmó: «La comprobación de que ante mí se hallaba un hombre tendido, un hombre sin corazón, pero vivo, me parece que fue el momento que me infundió más pavor».

Y el paciente, ¿que fue de él? Pues si bien la operación fue un rotundo éxito, Louis Washkansky —el receptor del órgano— murió a los 18 días, debido a una neumonía que no pudo combatir, ya que su sistema inmunológico lo tenía inmunodeprimido *(en cristiano, que no estaba para nadie y cualquier resfriado lo hacía polvo)* debido al cóctel de fármacos administrados durante la operación. ¿Y nuestro homenajeado? Pues este sí que pegó el *pelotazo,* ya que de la noche a la mañana se convirtió en una celebridad, pero al parecer era un poco personaje, y realizó algunos comentarios fuera de tono con respecto a los blancos y su relación con la población negra —recuerda que en Sudáfrica en ese momento estaba muy fuerte el tema del *apartheid*— y tampoco fue del todo honesto al adjudicarse todo el mérito de la operación. ¿A que esto último casi te hace caer del sitio donde estés leyendo estas líneas? Pues sí, así soy. Nuestro Christiaan no fue todo lo fiel al procedimiento y a los méritos de este. En las suturas y *zurcidos cual calcetín viejo* del paciente tuvo la formidable ayuda de Hamilton Naki, un médico cirujano sin formación académica que comenzó de jardinero en la propia Universidad de Cape Town. Pasado el tiempo y la euforia del momento, el propio Christiaan llegó a decir, pero *en petit comité y con la boca pequeña,* que sin la ayuda de este cirujano la cosa no habría ido tan bien, e incluso que era técnicamente superior que él, pero claro, eso dicho no muy fuerte, ya que el señor Naki era... ¡negro! *(acabáramos, un negro operando a un blanco en una ciudad con tanta segregación por el* apartheid..., *incluso tuvieron la poca decencia de decir que en las fotos donde aparecía Hamilton estaba allí realizando labores de limpieza, manda h...)*

Antes de que te siga dando sustos, que no es lo mejor para tu corazón, cierro esta efeméride, la primera operación de muchas, tantas que actualmente se hacen 7.000 trasplantes cardiacos al año en el mundo, y la gente operada sigue latiendo con mucho gusto.

Datos sobre el corazón, ese músculo sano que necesita acción

En realidad, son tres datos, para darle algo de razón a Aristóteles en eso de la importancia del corazón: un corazón humano late unas 100.000 veces al día (*que* jartá *de trabajar*); durante toda la vida transportará unos 8.000 litros de sangre por nuestro cuerpo; y puede latir fuera de nuestro cuerpo (por eso se pueden trasplantar, como se ha contado en la efeméride). Y ahora, cuide mucho su corazón y siga, siga leyendo.

10 DE DICIEMBRE DE 1896. FALLECE ALFRED NOBEL, ESE MUCHACHO QUE TIENE UNOS PREMIOS, O ALGO ASÍ ME HAN CONTADO

¿A quién no le gusta un buen Premio Nobel? A mi pequeño ego de científico y divulgador le gustan muchísimo estos reconocimientos, y es por ello por lo que esta efeméride viene a elogiar a este gran prohombre, magnífica persona, excelente pensador y bien querido por sus seres cercanos *(espero que no veas en estas palabras un poco de pelotilleo, ¡eh!)*. En fin, que el 10 de diciembre de 1896 fallece Alfred Nobel, el caballero que en su legado nos ha dejado los reconocimientos científicos más importantes y codiciados por todo ser humano que se precie que no sea matemático, ya que esta disciplina no está incluida en estos galardones *(tranquilo, que este dato lo explico algunas líneas más adelante)*.

Alfred Bernhard Nobel nace en 1833 en Estocolmo, en el seno de una familia con marcada inclinación científico-tecnológica, ya que su padre, inventor e ingeniero, fue alumno del Real Instituto de Tecnología de Estocolmo y nuestro homenajeado era descendiente del científico sueco Olaus Rudbeck. Con este cóctel familiar, era normal que nuestro Alfred se interesara por la ingeniería, concretamente por los explosivos, aprendiendo los conceptos básicos desde muy joven *(esto suena a que le gustaban los petardos más que a un valenciano, hipótesis que, de partida, suena a que puede ser muy verdadera)*.

Alfred era el tercero de siete hermanos, de los cuales solo sobrevivieron cuatro más allá de la infancia. Y esto suena a que *la cosa estaba achuchada en su casa y no llegaba el alpiste para tanta boca,* y es toda la verdad. La familia, después de algún que otro sonoro fracaso en los negocios, decide mudarse de Estocolmo a San Petersburgo, ciudad que los recibe con sus fríos brazos abiertos *(está visto que el cambio de residencia no era por mejorar el clima...).* Ya en Rusia, las cosas empiezan a funcionar, y al padre de Alfred le sale bien eso de dedicarse a la tecnología, ya que inventa el torno de chapa y comienza a triunfar en la producción de minas submarinas *(lo dicho, lo de los petardos gordos ya le venía de familia).* Con esas bonanzas, Alfred empieza su andadura en los estudios, destacando en Química e idiomas, y logrando, a la tierna edad de 17 años, hablar con fluidez inglés, francés, alemán y ruso, *casi na* —sobre todo, teniendo en cuenta el nivel de inglés que alguno ponemos en nuestro CV—.

En 1863, Alfred decide volver a su Suecia natal y allí completa las investigaciones que había iniciado en el campo de los explosivos. De esta forma, su alma de inventor, ingeniero y hombre de negocios le hace abrir una fábrica de petardos... perdón, nitroglicerina, en Estocolmo. Todo viento en popa para nuestro homenajeado cuando un trágico accidente cambia su destino. En 1864, tras una terrible explosión en la que muere su hermano, empieza a trabajar en la idea de estabilizar este explosivo con una sustancia inerte para hacer una mezcla que fuera más segura y fácil de manejar. De esta manera, en 1867 crea la *dinamita,* para frenar un poco las fuertes críticas que recibían tanto él como sus fábricas.

La verdad es que la dinamita le proporcionó buenos réditos, y siguiendo con la innovación tecnológica que tan bien se le daba, Alfred inventa la *gelignita,* una combinación de nitroglicerina y nitrocelulosa, una sustancia transparente que también se conoce como gelatina de voladura *(no ingerir como la gelatina normal usada como postre);* y la *balistita,* un explosivo basado en la pólvora, pero sin humos, y que se ha utilizado como propulsor de cohetes.

Como lees, querido lector, una vida dedicada al noble arte de la detonación y la explosión de cosas, pero también al desarrollo de su visión más técnica, ya que fue un prolífico inventor que durante su vida registró un total de ¡355 patentes! Sin embargo, pues no era feliz del todo: primero, porque tenía grandes episodios de depresión; segundo, porque no supo estabilizar su vida familiar, ya que recibió tres calabazas de tres amoríos no correspondidos; y tercero, porque temía que su gran invención, la dinamita, destruyera el mundo. Por todo ello, en su testamento, pidió que con su dinero (*na*, unos pírricos 33 millones de coronas suecas, que al cambio son unos 3,2 millones de euros) se crearan unos premios de varias categorías científicas: a saber, Literatura, Economía, Medicina y Química. Además, influido por esas ideas pacifistas y por su secretaria y amiga la condesa Bertha von Suttner, decidió añadir la Paz como otra categoría de los Premios Nobel. ¿Y por qué estas ramas del conocimiento y no otras? Pues aquí nuestro Alfred eligió las que creía que eran importantes para el avance de la sociedad. ¿Y las mates? ¿No son importantes? ¿O acaso nos dan la lata con esta Ciencia exacta en nuestra educación obligatoria por ningún sentido en concreto? Pues, contraviniendo los deseos de Alfred, no sé tú, querido lector, pero yo las veo importantes, pero a nuestro homenajeado

Nuestro Alfred dándole vueltas al coco a la idea de legar los premios más famosos en Ciencias.

simplemente no le gustaban las mates... Saque sus propias hipótesis *(seguramente algún suspenso, algún tirón de orejas o un profe de mates estricto).*

Y con esto cierro esta efeméride, dedicada al grandísimo ser humano, mejor persona y gran inventor *(esto último no es pelotilleo),* que dedicó a los avances científicos gran parte de su vida. Y es que en palabras de Alfred Nobel: «si tuviera mil ideas y solo una resultase ser buena, estaría satisfecho». Dese usted por satisfecho, señor Nobel.

18 DE DICIEMBRE DE 1936. FALLECE EN MADRID LEONARDO TORRES QUEVEDO, PIONERO DE LA AEROSTÁTICA, LA ROBÓTICA Y LA INFORMÁTICA

¡Vaya inventor patrio y *culo inquieto* a más no poder te traigo en esta efeméride! Resulta que el 18 de diciembre de 1836 fallece Leonardo Torres Quevedo, inventor y pionero de la aerostática *(suena a que algo va a echar a volar)*, la robótica *(mucho antes de que llegara Tente y Lego)* y la informática *(¿quién se ríe ahora, Bill Gates?, ¿eh?)*. Un magnífico representante del enorme potencial que tenemos en nuestra tierra para los avances científico-tecnológicos, y un adelantado a su tiempo en muchos aspectos, registrando patentes de ingenios adelantados a su tiempo y que vieron la luz en años posteriores *(y dejo de divagar y me centro, tranquilo, pero es que ahora verás qué señor científico es nuestro Leonardo, tocayo de aquel otro que seguramente viene a tu mente cuando de hablar de inventos se trata...)*.

Nuestro homenajeado nace en 1852 en el pequeño y coqueto pueblo cántabro de Santa Cruz de Iguña, en una familia en la que la Tecnología, los cachivaches y desmontar para montar luego aparatejos era el *modus vivendi*, ya que su padre era ingeniero de ferrocarriles. Con este caldo de cultivo empezó el bachiller en Bilbao y después pasó a París para completar dichos estudios, donde nuestro Leonardo comenzó a gestar esa mente inquieta a la hora de imaginar artefactos tecnológicos para hacer más cómoda la vida de los congéneres *sapiens*. En 1870, inicia sus estudios universitarios en la Escuela Oficial del Cuerpo de Ingenieros de Caminos en Madrid, y después de un parón voluntario —debido a su alistamiento y participación en la Tercera Guerra Carlista en la defensa de Bilbao— completa estos estudios en 1876.

Ya metido de lleno en el tejido productivo, comienza a trabajar en la misma empresa de ferrocarriles de su padre *(entiendo yo que por ser buen estudiante... e hijo de uno de los jefes, ejem)* y enseguida emprende un viaje por Europa para empaparse de los avances científicos y técnicos, sobre todo en el área de la electricidad, una fuente de energía que ya por aquel entonces auguraba grandes avances. Fruto de estos viajes y de su inicio en la investigación es la publicación de un primer trabajo científico (los famosos *papers* de las personas que nos dedicamos a la Ciencia) en 1893.

Con todo, con la mente en ebullición de ideas y su situación económica resuelta, ya que le hicieron heredero de los bienes de unos parientes de su padre, así que cero problemas financieros; y con la vida familiar más que establecida —se casó con Luz Polanco y Navarro en 1885 y tuvo ocho vástagos como ocho soles—, nuestro homenajeado centró su vida y, sobre todo, su ingenio en la innovación tecnológica. Y te preguntarás: ¿tan importante es la aportación de este paisano al mundo de la Ciencia y Tecnología? Pues te toca a ti valorarla, ahí va un breve resumen de los hechos.

Se interesó por la Aeronáutica, así que en 1902 presentó en las Academias de Ciencias de España y de París un proyecto de dirigible que solucionaba un problema de suspensión que tenían los que estaban en el mercado, añadiéndole un soporte interior de cables flexibles, un ingenio donde ve negocio la empresa francesa Astra, que le compra la patente a nuestro homenajeado. De esta forma, en 1911 surcaba por los aires el modelo de dirigibles Astra-Torres, un ingenio tecnológico ampliamente utilizado en la Primera Guerra Mundial por franceses e ingleses en misiones de protección e inspección naval. Sin embargo, este interés devengó en un poco de *gatillazo,* ya que en 1919 diseñó una propuesta de dirigible transatlántico, el *Hispania,* que solo se quedó en eso, en propuesta.

Otro tipo de inventos en los que también contribuyó fueron los funiculares, teleféricos, transbordadores y otros ingenios similares, un interés que empezó de forma un poco «casera» en modo *Bricomanía.* El primer ingenio transbordador, construido en 1887, servía para salvar 40 metros de desnivel en 200 metros de recorrido (*he tenido yo* Scalextric *con más metros de pista...*), con tracción animal de dos simpáticas vacas y una silla a modo de barquilla. Este ingenio experimental sirvió, sin embargo, para patentar un funicular aéreo. Mejorando la técnica, en 1907 construyó el primer transbordador para el transporte de personas en el Monte Ulía, en San Sebastián, un modelo resistente que, como estaba patentado *—olé ese ojo ingenieril de nuestro Leonardo—*, se replicó en otras ciudades como Charmonix y Grindelwald *(no, no es el mago chungo de las pelis de Harry Potter, sino dos ciudades europeas, una francesa y otra suiza)* o Río de Janeiro, entre otras. Sin embargo, el gran *pelotazo* en este campo fue y es, ya que continúa en activo, el *Spanish Aerocar,* que cruza las cataratas del Niágara en Canadá, un funicular aéreo construido entre 1914 y 1916, un proyecto totalmente *spanish:* ideado por un español y construido por una empresa española con capital español *(The Niagara Spanish Aerocar Co. Limited) (fuentes nada fidedignas cuentan que durante la construcción se escuchaba canciones del tipo «Yo soy español, español, oe oe oe»).*

Y otra invención más: las máquinas calculadoras. Y es que no sé usted, querido lector, pero qué seriamos sin las máquinas que hallan soluciones matemáticas a los problemas cotidianos como calcular el precio de la cesta de la compra. En este sentido, Torres Quevedo fue un adelantado a su tiempo, construyendo toda una colección de máquinas analógicas de cálculo, pero de tipo mecánico. Es más, adelantándose medio siglo a su aparición en el mercado, en la Feria de París de 1914, presentó un modelo de máquina, *El Ajedrecista,* que se considera el ¡primer videojuego de la historia! Además, se viene arriba y empieza a coquetear con la futura rama de la Ingeniería, la Automática, una rama que con el tiempo ha dado ingenios como la Roomba o las persianas automáticas.

De esta forma, en 1903 Leonardo presenta en la Academia de Ciencias de París el *Telekino,* un autómata que ejecutaba órdenes a distancia. Con este ingenio, fue capaz de manejar el primer vehículo terrestre en 1905 o guiar un bote desde la orilla en 1906. Sí, lo sé, es lo que estás pensando ahora mismo, nuestro homenajeado es el pionero en el campo del ¡mando a distancia! *(bendito seas, Leonardo, tu ingenio hubiera venido de perlas en esas primeras teles de tubo que llegaron a las casas, que venían sin mando y que respondían a tener que levantarte a cambiar el canal o, en el caso de los más suertudos, a mandar a tu hermano pequeño a realizar esa tarea).* Es más, con el tiempo, este ingenio ha sido reconocido por la Asociación Mundial de Ingenieros como un hito para la historia de la ingeniería a escala mundial, lo que supuso una revolución con respecto a las áreas técnicas de esta disciplina.

Torres Quevedo y sus científicas preocupaciones.

Para ir finalizando, después de una vida tan llena de ingenios y patentes, no podrían faltar máquinas destinadas a ayudar a los educadores en su ardua tarea de educar. Sí, como lees, en los últimos años de vida, Torres Quevedo se interesó en eso del campo de la pedagogía, dejando patentes relacionadas con máquinas de escribir, de paginación de manuales didácticos, un proyector didáctico y un ¡puntero proyectable! Sí, otro *pelotazo* adelantado a su tiempo, ya que nuestro homenajeado nos deja una patente sobre el puntero láser, y es que había una necesidad acuciante de este tipo de ingenio en el aula, ya que, en palabras de nuestro inventor: «Bien conocidas son las dificultades con las que tropieza un profesor para ilustrar su discurso valiéndose de proyecciones luminosas. Necesita colocarse frente a la pantalla cuidando de no ocultar la figura proyectada para llamar la atención de sus alumnos sobre los detalles que más les interesan y enseñárselos con un puntero».

A sus pies, don Leonardo.

No ponga esa cara, que digo yo que todos y todas tenemos derecho a unas merecidas vacaciones. Además, como habrá leído, en la última efeméride ya nos acercábamos a las consabidas vacaciones de Navidad. ¡Primer cuatrimestre del curso acabado! Aproveche este descanso para reflexionar sobre todo lo contado en esta primera parte del libro, porque la segunda viene cargada con mucha más Ciencia. Ah, y si eres de los que practicas el *cuñadismo,* vertiente pseudocientífica que aflora siempre en cenas y reuniones familiares *(que sí, que todos y todas llevamos un cuñado dentro...),* te dejo unos datillos para *tirarte el moco* con elementos que encontrarás cuando te sientes a la mesa, demostrando todo lo que sabes: la sal es el primer conservante alimentario y se usó como moneda en su tiempo; las gambas bioacumulan metales pesados en sus vísceras, así que cuidado; el jamón ibérico se distingue por la alimentación, la genética y por el precinto de calidad; el vino es el producto de la fermentación de unas simpáticas levaduras, las mismas que hacen pan y cerveza *(¡benditos microorganismos!);* ah, y el tostado de los alimentos depende de la *reacción de Maillard,* la misma que hace caramelos o pone las tostadas tostadas, nunca mejor dicho.

¿Quieres saber más de estos datos? Pues nada, ya tienes excusa para usar la Ciencia en tu día a día e investigar. Y tranquilo, que todo esto te lo amplío en un próximo libro (vaya *spoiler* con mucho *hype* te acabo de lanzar).

8 DE ENERO DE 1942. NACE EL FÍSICO STEPHEN HAWKING, CONOCIDO ENTRE OTRAS COSILLAS CIENTÍFICAS POR SUS ESTUDIOS SOBRE LOS AGUJEROS NEGROS

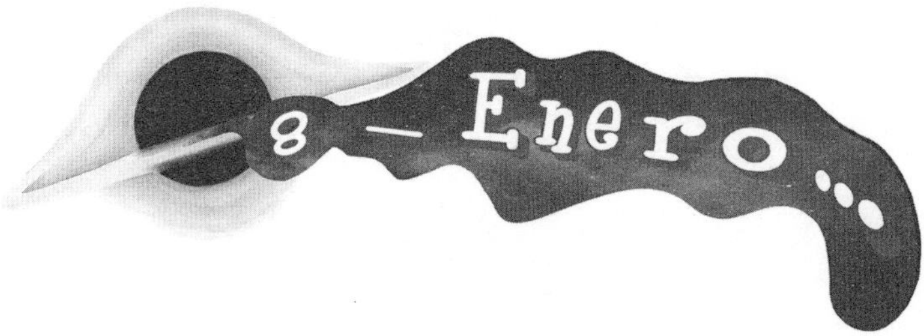

Hay que reconocerlo: el Cosmos mola mucho. A ver, tan grande, con tantos objetos planetarios por conocer, con tantísimos mundos por descubrir *(y, valeee, a lo mejor y seguramente, también extraterrestres),* tan desconocido y lleno de incógnitas por resolver, que seguramente fue el primer fenómeno natural al cual nuestra nacida especie homínida echó el ojo. Ese mono bípedo y tela de inteligente que empezaba a cuestionarse cosas como: quiénes somos, de dónde venimos, hacia dónde vamos, o la pregunta fundamental: ¿qué es eso que brilla tanto en el cielo y que da ese calorcito tan bueno?

Lo dicho, desde primera hora miramos al cielo, y ese inmenso Cosmos se convirtió en recurrente tema de estudio. Por todo ello, en esta efeméride te traigo uno de los científicos más influyentes en eso de sacar conclusiones sobre el Universo, uno de los físicos que ha revolucionado nuestra idea de seguir evolucionando como especie, ya que, en sus palabras: «La humanidad necesita una salida. Debemos alcanzar las estrellas o extinguirnos». El 8 de enero de 1942 nace Stephen Hawking, genial científico, gran físico teórico y cosmólogo, que le dio a eso de la Física Cuántica y a la Teoría de la Relatividad, pero que, sobre todo, se especializó en la comprensión de los agujeros negros que hay en el Cosmos *(tal y como lees, el Universo parece tener pinta de queso de Gruyere, todito lleno de agujeros).*

Un científico conocidísimo por poseer una imagen muy peculiar: la de estar atado gran parte de su vida a una silla de ruedas, debido a una de las enfermedades más *canallas* que afectan al ser humano, la esclerosis lateral amiotrófica o ELA; y tener voz de máquina expendedora, ya que cuando la enfermedad fue progresando tenía que seguir dictando sus postulados científicos a una máquina, que hablaba por él (la típica voz de Alexa o Siri, una voz que sonaba así a robot ya que a nuestro homenajeado le gustaba mucho porque tenía su puntito friki).

Nuestro Stephen nace ese 8 de enero de 1942 en Oxford, lugar de referencia académica en Inglaterra, por deseo expreso de sus padres, que vieron en esta ciudad un sitio más tranquilo que su residencia habitual de Londres, donde en ese momento estaban cayendo bombas a cascoporro de la Luftwaffe alemana. Cuando la cosa pudo mejorar, sus progenitores volvieron a *London City*, ya que el cabeza de familia tenía un puesto top en la división de parasitología del Instituto Nacional de Investigaciones Médicas *(claro, con este caldo de cultivo normal que el nene saliera científico...)*.

Después de recibir una formación básica, nuestro homenajeado pensó en estudiar Matemáticas (qué disgusto para un padre doctor en Biología), y encima se emperró en hacerlo en el University College de Oxford, pero como en ese momento no había profes de mates, se matriculó en Ciencias Naturales. Una vez iniciada la vida universitaria, se interesó por la Física (más disgustos para su señor padre, jejeje), centrándose en las líneas *trending topic* del momento —a saber, termodinámica, relatividad y mecánica cuántica— pero también se convirtió en uno de los integrantes del famoso equipo de remo, un deporte que, en palabras de Hawking, le ayudaba a «superar el tremendo aburrimiento en la universidad». Así, sin medias tintas, nuestro homenajeado se aburría, al parecer mucho, ya que sus notas no eran brillantes, aun cuando sus profes veían en él a alguien especial. Tanto tendría que aburrirse que sus mediocres calificaciones hicieron necesario recurrir a un examen oral para dirimir si merecía los honores destinados a los mejores estudiantes o pasaba el asunto sin pena ni gloria. En dicho examen sus profesores tuvieron claro que la inteligencia de Stephen era excepcional. Con todo, obtiene el título de Física en 1962 y en 1966, ya en Cambridge *(otra universidad de prestigio donde las haya, que para eso nuestro Stephen era muy selecto...)*, el de doctor.

Es en este momento donde, con todo a favor, a esta historia le llega ese puntito de épica y de superación que tanto gusta en cualquier libro que se precie. En los últimos años de estancia en Oxford notaba que algo raro le sucedía, y por ello acudió a una revisión médica. En 1963, con 21 años cumplidos y toda una vida por delante de sueños por realizar, a Stephen le dan una terrible noticia: padece esclerosis lateral amiotrófica, una enfermedad motoneuronal que degenera el aparato locomotor del ser humano, de tal forma que lo va paralizando poco a poco *(¿he dicho ya que la enfermedad es canalla?)*, una enfermedad que, para postre, tiene una esperanza de vida de solo ¡dos años...! Vaya mazazo para nuestro Stephen, que, si bien al principio esta noticia le impactó muchísimo, una vez estabilizada la enfermedad, y dado que las expectativas sobre su esperanza de vida se iban alargando, esto no le impidió seguir con más fuerza si cabe con su gran pasión: la investigación en Física teórica y su mirada hacia el extenso Cosmos.

De esta forma, en colaboración con su colega de curro en Cambridge, Roger Penrose, comenzó a trabajar en un modelo matemático en torno a la Teoría de la Relatividad general de Albert Einstein. En este sentido, asentaron la idea de la existencia de singularidades espaciotemporales en el espacio-tiempo *(perdonadme si me estoy poniendo muy técnico. Voy a tratar de explicarlo brevemente: estas singularidades implican que tanto el espacio como el tiempo han debido de tener un inicio —Big Bang— al igual que deberían tener un final —que implicaría los agujeros negros—)*. Avanzando en esta teoría y su aplicación, estos resultados llevarían a la necesidad de encontrar una teoría que unificara la relatividad con la mecánica cuántica *(palabreja que se explica avanzando en el libro, no desespere)*, una teoría única para dominarlas a todas (ups, ¿soy yo o esto suena a *El señor de los anillos*?) en pro de entender mejor el Universo.

La enfermedad seguía avanzando, lentamente, dejando a nuestro Stephen cada vez más inmóvil, pero su cerebro no paraba y corría cada vez a más velocidad, dejando grandes avances en el terreno cosmológico, como es el caso de la comprensión que tenemos sobre los agujeros negros.

Stephen comprendió que, para dar sentido a ese modelo matemático, el estudio de los agujeros negros era fundamental. ¿Y qué es un agujero negro?, te preguntarás. Pues suena al típico malvado final de un videojuego o, en los cómics de Marvel, a *Galactus el devorador de mundos*. Formalmente, un agujero negro se define como una región del espacio

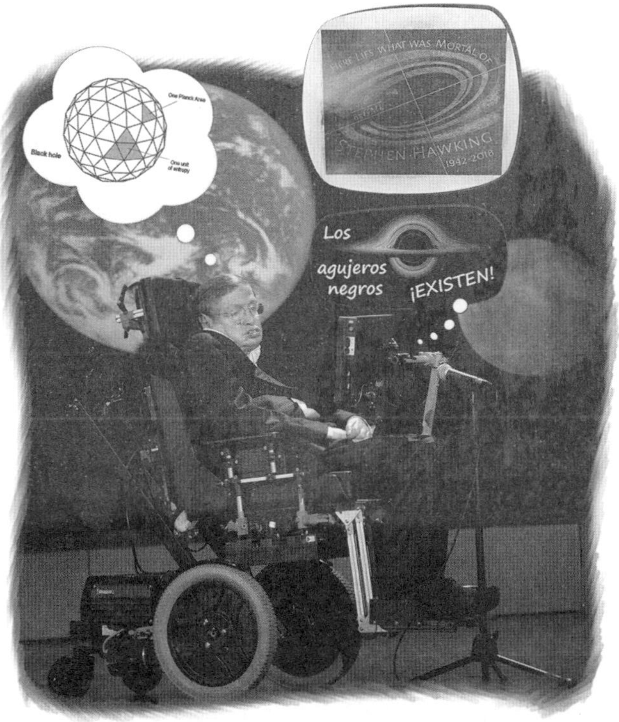

Desde esta silla inmóvil he viajado por todo el Cosmos (y ahora, ¿quién se ríe, eh?).

que tiene una masa tan grande que puede crear un campo gravitatorio tan intenso, que hace que nada pueda escapar de su atracción, ni la luz siquiera *(vamos, con más atracción que una aspiradora en modo ultrarrápido quitando pelusas de en medio)*. Estas singularidades se formarían del colapso de una estrella tipo enana blanca —un tipo de estrella que se encuentra en sus últimos momentos de vida— llevando al límite la acción de gravedad extrema, tanto que los átomos empiezan a aplastarse y se genera este objeto estelar. Un objeto astronómico que, por cierto, tiene un borde llamado, así en tono película de ciencia ficción, *horizonte de sucesos*.

Nuestro Stephen intuyó en estos objetos planetarios una manera perfecta de aproximarse a preguntas tan fundamentales como el origen del Universo, la formación del espacio y del tiempo, así como los futuribles finales de nuestro Cosmos. Con todo, nuestro homenajeado no cesaba de trabajar e investigar, pero la ELA hacía de las suyas y seguía avanzando, lentamente sí, pero sin pausa. Para 1985 ya llevaba una decena de años postrado en una silla de ruedas, cada vez más inmóvil, pero justo ese fatídico año es necesario realizarle una traqueotomía que hace que deje de hablar para siempre. A partir de ahí la tecnología acudió al rescate, así que aparte de comunicarse con un sintetizador de voz, su silla de ruedas se convirtió en un ingenio computacional que se controlaba con leves movimientos de cabeza. Incluso, cuando la enfermedad lo dejó solo con movilidad en los ojos, un sistema de predicción de palabras le ayudó a la hora de redactar frases.

Pensarás, vaya faena, con razón, vaya... Pues ni con esas a nuestro Stephen le cambió el carácter ni las ganas de seguir dando caña en su campo de conocimiento. Es más, dado que cada vez se le hacía más cansado realizar cálculos matemáticos, aprovechó su discapacidad para «pensar y generar nuevas y frescas ideas» mientras que sus estudiantes se dedicaban a hacer esos tediosos cálculos. Con ello, Stephen Hawking se convirtió en el abanderado de esta rama de conocimiento, con postulados tan importantes como el *Estado de Hartle-Hawking* —el Universo no tendría fronteras en el espacio-tiempo, algo que tendría coherencia con un sistema no cerrado y en constante expansión— o la *radiación de Hawking* —los agujeros negros crean y emiten partículas, de manera que no serían completamente negros, en palabras del propio Hawking—.

Con un compendio de investigaciones tan avanzadas y difíciles de comprender para, incluso, la comunidad científica, nuestro Stephen dedicó mucho esfuerzo a una tarea que lo hace más que merecedor de ocupar las páginas de este libro: la divulgación. Sí, generar Ciencia está muy bien para hacer avanzar a la sociedad en general, pero si esta sociedad no entiende ni un pito de qué van esos avances, de poco o de *na* sirve. De esta forma, aparte de asistir frecuentemente a charlas en abierto donde exponía sus pensamientos sobre el Universo, escribió posiblemente el *best seller* moderno por excelencia a nivel Ciencia: *Breve historia del tiempo, del Big Bang a los agujeros negros*. Un libro donde pretende acercarse al público no especializado y donde como autor advierte que, dado que ante cualquier ecuación el lector podría verse en problemas, solo incluye la muy famosa ecuación de Einstein, $E = mc^2$.

Pero que nadie se confíe, en el libro se desgranan varios temas de mucho calado en Cosmología, como la naturaleza del tiempo, el *Big Bang*, los agujeros negros, los conos de luz o la teoría de supercuerdas.

Y es que nuestro homenajeado creía fehacientemente en la especie humana y sus infinitas posibilidades. Así, una de sus citas más famosa pone en énfasis nuestra posición en el Cosmos y la capacidad única que tenemos para comprender y explorar el Universo que nos rodea: «Solo somos una raza avanzada de monos en un planeta menor de una estrella promedio. Pero podemos entender el Universo. Eso nos hace muy especiales». Chapó, mr. Hawking.

Unos datos, que nunca vienen mal ni hacen daño, sobre nuestro Stephen y su peculiar carácter

Hawking declinó en dos ocasiones honores de la reina Isabel II, que intentó en sendas ocasiones nombrarlo caballero (el famoso término *sir*). En ambos momentos, aparte de creer que eso de recibir títulos era solo postureo, afloró su activismo político, ya que durante su vida fue muy crítico con la financiación gubernamental para la investigación científica y la educación en el Reino Unido, y consideró que aceptar el título podría parecer una contradicción con sus principios.

Aparte de usar su discapacidad para hacer currar a su alumnado, su carácter afable, sus ganas de comunicar y su propia presencia escénica lo ha hecho aparecer varias veces en series tan famosas como *Los Simpson* o *The Big Bang Theory.*

Si bien durante su vida no declaró ninguna inclinación hacia la religión, llegando a expresar en varias ocasiones que no veía la necesidad de invocar a un creador divino para explicar el origen del Universo (algo que dejó, por ejemplo, escrito en su libro *El gran diseño*), las creencias personales podrían haber evolucionado con el tiempo, aunque sus declaraciones públicas siempre fueron más orientadas hacia la Ciencia que hacia la religión.

15 DE ENERO DE 1850. NACE LA MATEMÁTICA RUSA SOFIA VASÍLIEVNA KOVALÉVSKAYA, UNA ADELANTADA DE SU ÉPOCA

Érase que se era una niñita rusa, de ascendencia gitana, que vivía en una época convulsa y revolucionaria, la Rusia de los zares, en plena mitad del siglo XIX, que le encantaban las mates y creía que podía ser una mujer científica destacada. ¿Es esto un sueño imposible o una quimera? No, ni mucho menos. Por rebuscada que parezca, esta es la descripción que mejor encaja con Sofia Vasílievna Kovalévskaya, nacida el 15 de enero de 1850 en la fría Moscú, la matemática rusa y primera mujer ¡catedrática! en Ciencias de la Europa del Norte...

Como ha visto, querido lector, este es un libro de grandes mentes, ávidas de conocimiento, rompedoras con su tiempo y con los estigmas sociales de cada época. Pero para que esto ocurra, las circunstancias deben acompañar. Si a la descripción inicial, le añadimos algunos ingredientes más como que Sofia creció en un ambiente cultural y científico, con una hermana socialista escritora y con dos tíos, uno apasionado de la lectura y aficionado a las Matemáticas, y otro apasionado por las Ciencias Naturales que le inculcó el amor por los fenómenos naturales, podemos comprender que el entorno de nuestra homenajeada era el caldo de cultivo perfecto para que una mente privilegiada, como la suya, floreciera. En fin, sigamos avanzando que seguro que ahora vienen sorpresas...

Nuestra Sofia empezó con sus estudios, y las clases de Matemáticas fueron una revelación para la homenajeada en esta efeméride, ya que sentía algo muy especial ante el cálculo *(vamos, que veía una suma y le ponía ojitos)*, tanto que descuidaba otras materias. La cuestión era que Sofia mostraba cualidades más que notables para el Álgebra, y así iría donde su padre y le diría «Papá, quiero ser matemática» y el padre, teniente general de artillería de la Rusia más rusa, la miró y automáticamente... le prohibió seguir asistiendo a clases, ya que le horrorizaban las mujeres cultas *(claro, el prefería a sus rudos compañeros iletrados de la armada, con los que se comunicaba con gestos y sonidos guturales...).* Ante el rechazo paternal, nuestra Sofia decidió hacerse autodidacta: cogía los libros de mates de su hermano y se los estudiaba por la noche, cuando la gente dormía en su casa: ¡olé tú, Sofia! De esta forma, fue deduciendo aquello que no había estudiado. A base de empeño y con su amor por las mates, Sofia fue capaz de entender las fórmulas trigonométricas sin necesidad de tutor alguno.

Las excelentes cualidades de Sofia no pasaron desapercibidas por uno de sus profes, que fue a hablar con el cabeza *(más bien cabezón)* de familia, en plan «Vasily Vasilyevich, no seas más antiguo que una cómoda, la gente inteligente como Sofia debería tener la oportunidad de demostrar su potencial». Vasily, conmovido, ablandó su duro corazón castrense y dio libertad a que nuestra Sofia estudiara. Pero Vasily Vasilyevich era solo una pequeña china en el camino de piedras que iba a encontrar Sofia y si no, siga leyendo...

Tal y como contaba al principio, nuestra Sofia había nacido en la Rusia prerrevolucionaria, *calentita* con los manejos de zares y otros nobles holgazanes, en un ambiente agitado, fértil de grandes mentes, pero, desgraciadamente, con los derechos de la mujer... *ejem, ¿derechos?* Y es que, en esos tiempos de mitad del siglo XIX, el papel de la mujer rusa era el reservado para las mujeres serviles, amas de su casa, criadora de las futuras generaciones y, sobre todo, sometidas a la voluntad del señor de la casa *(lo que decía, derechos, derechos... poquitos).* Una *rara avis* como nuestra inteligente Sofia, que quería estudiar la carrera de Matemáticas, chocó frontalmente con esta dura realidad, y la segunda *china en el zapato* fue que las universidades rusas, por supuesto, no dejaban acceder a ninguna fémina a sus doctas aulas. Pues nada, pensó una resuelta Sofia, estudio en el extranjero. La tercera china fue el Gobierno ruso de la época: la querida madre patria no repartía pasaportes a mujeres solteras ni permitía que una mujer viviera separada de su familia. A grandes males, grandes remedios, pues nada, se pacta un matrimonio de convivencia y en paz. Así, nuestra Sofia se casa a los 18 años con el paleontólogo Vladímir Kovalevski, y por fin se le permite viajar por Europa. Pensarás, querido lector, que ahora será todo miel sobre hojuelas, la ilustrada Europa seguro que admitiría a la inteligente Sofia... Pues ni por esas. La pareja viaja a Viena, y Sofia se inscribe en la Universidad de Heidelberg, donde sus profesores la orientan para que vaya a Berlín, a recibir clases del gran matemático Karl Weierstrass, pero de forma privada, ya que en esa universidad no se permite la formación de mujeres. Con todo, con *muchos codos y mucho estudio quemando cejas*, para noviembre de 1872 comienza a investigar en ¡tres tesis!, dos de ellas de Matemáticas y una de astronomía, a saber, las ecuaciones diferenciales, las integrales abelianas y la forma de los anillos de Saturno, ahí queda eso. Con esos tres *pedazo* de trabajos, en 1874, en la sueca Universidad de Gotinga, Sofia se doctora *summa cum laude*. Me reitero ¡olé tú, Sofia!

Su director de tesis hace lo imposible porque nuestra homenajeada trabaje como matemática, aludiendo que cualquiera de esos tres trabajos era suficiente para conseguir un contrato, pero tras muchas vueltas por la vieja Europa, el matrimonio decide volver a la madre patria a ver si ahora la cosa ha cambiado. Pues... tampoco hubo suerte en esa ocasión. Sofia no encuentra ninguna manera de ejercer su profesión ni, evidentemente, el Gobierno la ayuda a convalidar su título *(menudos perestroikos...)*. Además, la pareja empieza a tener problemas financieros por algún negocio mal planteado por el marido de Sofia, y ya con una niña en común, la cosa no tenía pinta de mejorar.

A pesar de todo, Sofia no ceja en su empeño y asiste regularmente a los eventos de la Sociedad Matemática de Moscú, con la oposición de su Vladímir, que a esas alturas ya incluso subestima sus cualidades científicas. Nuestra homenajeada vuelve a Berlín a recibir un *curso de reciclaje* de matemáticas, y ponerse al día de las investigaciones. Fascinada de nuevo por su disciplina y con el nivel de saturación *tendiendo asintóticamente* al hastío, Sofia decide soltar lastre e irse con su pequeña Fufa (Sofia en ruso), dejando a su marido de conveniencia, que tras varios negocios ruinosos decide acabar con su vida ingiriendo formol *(¡cómo les gusta la tragedia a estos rusos!)*. Instalada a finales de 1881 en París, sus colegas matemáticos empiezan a tenerla en cuenta y es aceptada en la Sociedad Matemática de París. ¡Por fin! La primera alegría para nuestra tozuda homenajeada.

Además, gracias a la intervención de un colega matemático sueco, Magnus Gustaf Mittag-Leffler, consigue lo que parecía imposible: trabajar como profesora asociada en la Universidad de Estocolmo en 1884, algo que algún que otro *Homo poco sapiens* no le hizo ninguna gracia, como al escritor sueco Johan August Strindberg, que le dedicó estas «bellas» palabras: «Que una mujer sea profesora de matemáticas es un fenómeno perjudicial y desagradable, e incluso se podría llamar monstruoso». Sin comentarios.

Las matemáticas molan y yo las domino que da gusto (traducción de un servidor, políglota a tiempo parcial –bueno, con un poquito de ayuda del Google Translate:-D).

Con solo 41 años, nuestra Sofia fallece de neumonía, después de una vida dedicada a su amor por las Matemáticas, dejando un legado imborrable profesional —con un teorema sobre ecuaciones diferenciales con su nombre— y personal —su gran determinación, y su lucha en contra de la discriminación de la mujer en el mundo académico, han servido de guía para tantas otras niñas que han tenido sueños científicos—. Así que, aun repitiéndome más que el ajo, ¡olé tú, Sofia!

20 DE ENERO DE 1758. NACE MARIE-ANNE PIERRETE PAULZE, LA MADRE DE TODA LA QUÍMICA

Uno puede ser muy científico y hacer unos descubrimientos que sean la *pera limonera,* pero si sus contribuciones no tienen el respaldo de ser refutadas, difundidas o incluso traducidas a otros idiomas, podría suceder que su figura pasara al ostracismo, allí, a ese oscuro rincón donde veíase solamente, olvidada, silenciosa y cubierta de polvo, el arpa de Gustavo Adolfo Bécquer...

Voy a contarte una historia en dos partes diferenciadas, a partir de dos visiones, la de la mujer científica que dedica todos sus esfuerzos para que su marido, también científico, sea conocido y reconocido por toda la sociedad. En la segunda parte, en la visión del hombre científico, hablaré de los importantes descubrimientos que arrojaron luz sobre una incipiente rama científica, mi amada Química.

Y es que incluso los matrimonios científicos pueden ser bien avenidos, y si bien ya conoces al matrimonio Curie, sus predecesores, los Lavoisier, no le iban a la zaga en eso de engrasar los motores de la máquina científica. Pues nada, empecemos con la primera parte y hablemos de ella, esa mujer científica abnegada y dedicada por completo a la Ciencia y a su marido.

El 20 de enero de 1758 nace, en la localidad francesa de Montbrison, Marie-Anne Pierrete Paulze, Madame Lavoisier o como más le gusta a un servidor, la madre de toda la Química moderna.

¿Exagero cuando digo esto? Pues, si le digo la verdad, creo que me quedo hasta corto. Si bien es cierto que la figura de su marido, el gran Antoine Lavoisier, inunda libros de Ciencia como uno de los grandes prohombres que asentaron las maneras y leyes que rigen la naturaleza y la forma de interpretar nuestro entorno a través del método de las Ciencias, aunque si no fuera por la figura de su mujer, conocido, conocido... no lo sería tanto, porque ella... Bueno, que casi te lanzo un *spoiler.* Empecemos mejor, como toda historia que se precie, por el principio. Marie-Anne nace, como he comentado, en la bella localidad de Montbrison —en *to* el medio de Francia, al lado del Loira, por si es de tu agrado un dato geográfico— dentro del seno de una familia acaudalada, donde su progenitor era abogado parlamentario y financiero. Siendo hija única y quedándose huérfana de madre a los tres años, su querido padre se encarga en cuerpo y alma de su niña y la envía a un convento para que reciba educación *(ejem, no sé yo...).*

Nuestra historia torna en el típico giro dramático, ya que con solo trece años es pedida en matrimonio por el conde de Amerval *(que digo yo,* amerval *tú, que le triplicas la edad, y ejem, es menor de edad...),* señor noble que amenaza al padre con dejarle sin curro si no se desposa con su tierna y joven hija *(nada que comentar con respecto a los manejos de este señor conde...).* Viéndose entre la espada y la pared, el padre de nuestra Marie-Anne consulta con un colega de profesión y le ofrece la mano de su vástaga. ¿A quién? A un caballero igual de acaudalado, inteligente a rabiar, porque era abogado, economista y químico *(esto último claramente es lo que da más porte).* Se trataba, como no, del segundo protagonista de esta historia, Antoine Lavoisier, que contaba en ese momento con 28 años. La cuestión es que se dijeron que sí, que se casaban, un hecho que ocurrió el 16 de diciembre de 1771.

Nuestra pareja decide mudarse en 1775 a la capital francesa, por trabajo de nuestro Antoine, que había conseguido un puesto como administrador en el Arsenal de París. Encima, por ese tiempo, a nuestro prota masculino le entra un amor incondicional por la disciplina Química, tanto, que con unos ahorrillos que tenía monta un pedazo de laboratorio en su casa-mansión-palacete. Y es en ese preciso momento cuando la historia de la Ciencia cambia...

Si, querido lector, Antoine se dedicó en cuerpo y alma a la Ciencia, pero nuestra prota de esta efeméride no le iba a la zaga. A instancias de su querido marido, empieza a recibir educación científica por parte de dos colegas de Antoine, de Jean-Baptiste Bucquet y Philippe Gingembre y, de paso, empieza a disfrutar de pasar largas horas encerrada en el laboratorio con su señor esposo *(ejem, cada uno que saque sus propias conclusiones)*. La cuestión es que la vida les iba viento en popa, incluso se podría decir que el amor estaba en el aire, y si no, lea la primera parte de la historieta de los Lavoisier *(ya sabe, con cero rigor científico, 100 % verificable...)*.

En un rococó castillo francés, los Lavoisier, científicos ella y él, descubren Ciencia, y como todos los matrimonios, tienen sus cosillas. En concreto, Antoine no encuentra la traducción de un trabajo científico realizada por su inteligente y culta mujer, su *community manager*, Marie-Anne...

—Marie, querida, ¿has visto un pergamino que había aquí en la mesa? Tenía apuntadas algunas ideas sobre algo que yo quiero llamar Ley de la conservación de la masa.

—Antoine, mira cómo tienes el laboratorio de desordenado, ¿cómo quieres encontrar nada por aquí? Mira, las pequeñas pesas de los experimentos realizados hace un mes están por aquí tiradas, un tintero derramado, el instrumental del laboratorio sucio, todo hecho una zorrera.

—Sí, querida, tienes toda la razón. Soy un poco desastre, pero es que me meto en mi mundo científico y pierdo la noción de tiempo.

—Sí, la noción del tiempo y sobre todo del orden. ¡Vaya telita de investigador estás hecho!

—Bueno, que no te mosquees, he estado trabajando en algo que te va a encantar, el aislar eso que en los círculos científicos llaman gases. Creo que he obtenido uno muy particular, el que nos hace respirar. Lo llamaré oxígeno. Toma notas y monta el artículo, que va a ser un *pelotazo...*

—Lo dicho, eres un caso, pero tus investigaciones son tan avanzadas para este tiempo que nos ha tocado vivir, que no me resisto a echarte esa mano a la hora de redactar tus ideas. Anda que, si no fuera por mí, ibas a ser el padre de la Química ni *na.*

—Sí, Marie, querida, que suerte tengo de que seas tan buena científica. Cambiaré, cambiaré. Por cierto, tengo un picor de cuello algo extraño, como un presentimiento.

—Anda, Antoine, serán cosas tuyas. Un día de estos vas a perder la cabeza.

La cuestión es que en ese laboratorio se fraguó el germen de gran parte del conocimiento científico de la época y se avanzó en la necesaria rigurosidad de los experimentos y los resultados obtenidos a partir de ellos. Así, mientras Antoine planteaba nuevas experiencias a realizar, nuestra Marie-Anne, que demostraba tener un ingenio parecido al de su esposo, realizaba diagramas, ilustraba los experimentos, dibujaba, elaboraba informes finales y hacía funciones de editora y traductora al inglés de los hallazgos. ¡Menuda labor! Como para no considerarse la madre de toda la Química moderna. Marie-Anne era, sobre todo, una talentosa ilustradora y dibujante, creando numerosas ilustraciones detalladas y precisas de los experimentos y equipos utilizados por Lavoisier en sus investigaciones, un hecho que ayudó a documentar y comunicar sus descubrimientos de manera efectiva y altamente divulgativa ¡olé tú, Marie-Anne!

¡Giro dramático para cambiar el tono de esta historia de chica conoce a chico, y ambos descubren lo hermoso que es hacer la Ciencia juntos! En mayo de 1793, en plena Revolución Francesa, Antoine es acusado de traición y... Antes de hacer *spoiler,* ya que esto te lo contaré en la segunda parte de esta historia, decirte que nuestra Marie-Anne se queda viuda con solo 36 años, desahuciada y con cara de acordarse de la madre de algún que otro exaltado de la revolución. La cuestión es que nuestra homenajeada se volvió retraída, así como con la mirada perdida. En el momento del desahucio desmontaron su preciado laboratorio, además de llevarse los cuadernos de notas. Con todo, ni olvidó ni se vino abajo, ya que reunió toda la documentación que pudo, la organizó y la publicó como las *Memorias de química* de Lavoisier, un auténtico *hit* para dar sostén a esta disciplina científica.

Este testamento científico contenía todas las ideas del matrimonio sobre conceptos fundamentales como el calor y la formación de los líquidos, la combustión, el aire, la calcinación de metales, la acción de los ácidos y la composición del agua. Unas ideas que permearon en la comunidad científica gracias a los dominios en lenguas, ya que nuestra Marie-Anne dominaba el francés *(évidemment)*, el latín y el inglés, lenguas que hicieron que su legado llegara hasta nuestros días y les rindamos la pleitesía que se les debe a los padres de la Química moderna. Por todo esto, que no es poco: *merci beaucoup, cher Marie-Anne.*

El matrimonio Lavoisier, *trending topic* en eso de crear una disciplina científica.

29 de enero de 1881. Nace Alice Catherine Evans, una científica que es la leche

Hay científicos y científicas que con sus descubrimientos hacen muy mucho por nuestra homínida especie, tanto, que decimos que son unos máquinas, unos campeones o sencillamente que son la leche. En esta efeméride te recuerdo a una que lo era literalmente, por eso de que trabajó en este producto lácteo *(vale, que sí, que tienes razón, otro chistecito malo para reventar, pero, ¿cómo resistirse?)*. El 29 de enero de 1881 nace Alice Catherine Evans, microbióloga estadounidense que introdujo en nuestro dietario la necesidad básica de pasteurizar toda leche de consumo.

Y no sé tú, querido lector, pero yo soy uno de esos que se pirran por este alimento básico y toda la gama de productos elaborados a partir de él. Uno de tantos que en su dieta incluye la leche como otro alimento más, y que desde muy chico ha tomado ingentes cantidades de esta bebida natural. Entonces, ¿por qué traigo a esta científica a este momento del libro? ¿Tanta incidencia va a tener en nuestras vidas sus hallazgos? Pues solo te diré, para comenzar y a modo de *spoiler*, que, sin ella, más de uno y de una se encontraría en un serio problema de salud, ya que, y ahí viene un dato que lo mismo que te sorprende, la leche no podemos tomarla directamente sin tener sus más y sus menos con algunos microorganismos *(ahora sí que te has quedado de piedra y ya ni te acuerdas del chiste tonto inicial, así que ya que tengo tu atención, sigo...)*.

Catherine nació, como he comentado, en 1881 en Pensilvania, Estados Unidos, en una granja del condado de Bradford. No hay que ser un *lumbreras* para concluir que, si juntamos una niña curiosa y lista, cosa que nuestra homenajeada lo era a rabiar, con simpáticos animales de granja, nos sale un combinado perfecto de científica interesada por las Ciencias Naturales. ¡Bingo! Así es, nuestra Catherine se interesó, sobre todo, en las enfermedades que afectaban a los animales, motivo por el que estudió bacteriología en la Universidad de Wisconsin-Madison, institución que vio que esta científica era la leche *(ups, se coló)* y le ofreció una beca para seguir como investigadora.

¡Vaya suerte! Nuestra Catherine tenía a su disposición todo un laboratorio para hacer pruebas, experimentos y, sobre todo, mejorar la vida de los animales de su infancia. Y para ello, la universidad decidió que nada mejor que empezar sus investigaciones en... mejorar el gusto del queso Cheddar (sí, el famoso queso naranja de las típicas hamburguesas americanas). Aparte de esta tarea, que lo mismo iba a cambiar la vida de nuestros colegas americanos —*dato que no he contrastado por no ponerme de mala leche*— Catherine también comienza a investigar sobre las enfermedades que afectan a sus rumiantes favoritos, las vacas lecheras. Así que, prueba tras prueba, llega a la conclusión de que la enfermedad más recurrente es la infección por *Bacillus abortus,* una bacteria bastante *malvada* que infecta a estos animales causándoles brucelosis, enfermedad que produce fiebres y malestar general a estos animales, además de abortos en vacas preñadas. Una enfermedad que por esa época se creía solo reservada al ganado y que no tenía efecto sobre los seres humanos... Insensatos, pensaría nuestra homenajeada.

Catherine ve enseguida que debía existir una relación clara entre las enfermedades mostradas por las personas en contacto directo con estos alegres rumiantes, ya sean veterinarios, granjeros y/o personas que trabajan en mataderos, que mostraban fiebres, malestar y dolor en articulaciones, con respecto a la transmisión de esta bacteria. De esta forma, en 1918 publica un artículo demoledor, conectando estas ideas e incluso el riesgo de contraer la brucelosis por tomar leche de vaca enferma.

¿Y qué hizo la comunidad científica ante este hallazgo? Pues seguro que lo tienes en mente, después del recorrido que estamos haciendo en este libro con respecto a las mujeres y sus avances/hallazgos científicos. Los colegas de profesión se mostraron escépticos con estos hallazgos, rechazándolos inicialmente por el simple hecho de haber sido realizados por una mujer *(me voy a callar el comentario...)*. Sin embargo, estudios independientes —seguramente realizados por otros *doctos ca-*

balleros de la profesión— avalaron la tesis de Catherine, tanto que, a partir de esta fecha, se empezó a recomendar la pasteurización de la leche para evitar contraer la enfermedad.

Con todo, nuestra homenajeada no solo se ganó el respeto de sus colegas, que durante toda su vida fue en aumento debido a que nunca dejó de investigar en eso de conocer de primera mano las afecciones en animales que pueden transmitirse al ser humano, sino que incluso llegó a ser presidenta de la *Society of American Bacteriologists.*

Y es que, no sé qué opinarás tú, pero a mí me parece que esta científica fue la leche *(vale, este ha sido intencionado para ir cerrando la efeméride)*. Y hablando de este producto, me voy a poner un vaso, que ya me ha apetecido antes de seguir redactando, eso sí, le pegaré su correspondiente *calentón* para evitar sorpresas microscópicas.

Sí, ya lo sabes, esta magnífica científica es la leche.

Unos datos, que nunca vienen mal ni hacen daño, que son la leche, literalmente

¿Te has quedado con la duda de qué procesos sanitarios se realizan antes de que esta leche salga al mercado con el certificado de seguridad alimentaria? Pues tranquilo, que te la despejo en un segundo... Has leído hace una página una *palabrota científica,* pasteurización. Esta técnica honra los grandes méritos de Louis Pasteur, científico francés que seguramente debería tener una reseña, pero que me lo reservo para un siguiente libro *(si está leyendo esto mi editora, pues ya sabe...),* una técnica sencilla que se basa en darle un *calentón bien fuerte* a la leche. Tan sencillo y efectivo como pocas cosas. Con esta acción, prevenimos que los microorganismos sigan campando a sus anchas por la leche y después nos hagan la puñeta cuando pasen a nuestro cuerpo. Eso sí, este calentamiento debe controlarse para evitar degradar este alimento, y para ello tenemos dos tipos: la pasteurización lenta (calentamos a unos 63 °C durante 30 minutos) o pasteurización rápida (calentamos a unos 75 °C durante 15-20 segundos). ¿Matamos todos los bichejos con esta técnica? Pues la verdad es que no, pero evitamos el riesgo de transmisión de enfermedades por ingerir este alimento, y sobre todo permite que la vida útil de este producto se alargue.

5 DE FEBRERO DE 1909. SE ANUNCIA LA CREACIÓN DEL PRIMER PLÁSTICO SINTÉTICO

Si eres un aficionado, querido lector, a vivir entre plásticos, esta es tu efeméride. ¡Vaya entrada para esta fecha me he marcado! Parece que te hago viviendo al lado de una fábrica de reciclaje, o peor aún, al lado de un vertedero. Y no, no lo decía por ti exclusivamente, sino por todos los seres vivos que habitan este planeta Tierra, desde el homínido más *sapiens* hasta el protozoo que vive a su flor en una charca cualquiera. Y es que, queramos o no, vivimos en un mundo de plástico donde, desgraciadamente, la abundancia de residuos y las políticas laxas de reciclaje hacen que las imágenes de océanos inundados de residuos plásticos o de una tortuga asfixiada por el plástico del *six-pack* de alguna lata de refrescos sean un continuo en uno de los mayores males endémicos de nuestra civilización. Por otro lado, sin embargo, gracias a estos plásticos hemos cambiado el modo de manufactura en fábricas, hemos creado materiales y hemos estandarizado su uso desde un simple cepillo de dientes hasta la mitad de los tejidos que usamos para vestirnos, sin olvidarnos de nuestro dulce y tierno patito de goma de nuestra infancia con el que pasábamos las horas muertas en la bañera de casa...

En fin, un día, tal como un 5 de febrero, pero de 1909, se anuncia el primer plástico sintético, y a partir de ese día todo cambió para ti, querido lector y representante del género *Homo* y de apellido *sapiens*. ¿Te parece dramático, aterrador y espeluznante este dato? Pues nada, sigue leyendo y verás... Pero primero vamos a desterrar un par de errores: el primero, el vulgarismo plástico hace alusión a un grupo de compuestos que los científicos y científicas llamamos polímeros, sustancias que tienen la capacidad de ser hechas a partir de una unidad repetida hasta la saciedad *(vamos, como copiar 100 veces en la pizarra «reciclaré los materiales plásticos en el contenedor adecuado»).* Una palabra que viene del griego (loados sean de nuevo los padres y madres de nuestra cultura científica) poli (muchos) y meros (unidad).

El segundo, he comentado que plástico *(no use más ese concepto después de que lea esta efeméride)* es una sustancia hecha de muchas unidades. ¿A que suena a sintético, industrial y a *plástico del bazar chino de la esquina*? Nada más lejos de la realidad. La Ciencia ha ido avanzando con el tiempo, pero siempre ha tenido su reflejo en la naturaleza, y a partir de ese modelo hemos creado cosas maravillosas. De esta forma, en la naturaleza podemos encontrar multitud de polímeros, con ejemplos tela de conocidos como la celulosa —presente en todas las plantas y la molécula más abundante de nuestro terruño—, que está formada por unidades de *beta-glucosa* y almidón —uno de los grandes repositorios de nutrientes para todo bicho viviente— es una mezcla de dos polímeros basados en la glucosa *(la amilosa y la amilopectina, dato para que sea más culto, no tenga que buscarlo en Google y pueda seguir leyendo tranquilamente este libro).*

Pero vivimos en un mundo con mucha gente —más de 8.000 millones, ¡que *jartá* de homínidos!— y, en consecuencia, con muchas necesidades —desde vestidos, mobiliario, medios de transporte y una larguísima lista debido a tanto representante *sapiens* campando alegremente por nuestro planeta—. Con esas expectativas, la industria de los polímeros ha hecho un *negociazo* increíble, del cual uno de los primeros hitos es el de esta efeméride *(y con esto cierro esta introducción-divagación y empiezo, que si no, no hablo nada de la efeméride señalada).*

Ese 5 de febrero de 1909, en Estados Unidos, se presenta el ingenio denominado *baquelita*, inventada por el belga Leo Baekeland. Un ingenio que pondrá patas arriba nuestro concepto de mundo, ya que es el primer polímero —venga, te dejo que digas plástico en este momento, pero a partir de ahora polímero, ¿eh?— de origen totalmente artificial y de naturaleza no inflamable. Por primera vez, la industria le tomaba la delantera a la naturaleza en eso de fabricar materias primas.

Ha llegado a su ciudad el plastificador, plastificamos sillas, sillones, butacas, butacones... pregunte precios sin compromiso...

Leo Baekeland era un químico muy ingenioso, resolutivo y con una gran visión en eso de ofrecer soluciones tecnológicas para la vida moderna. Así, que una vez licenciado en la Universidad de Gante, decidió dar el salto a Estados Unidos para probar suerte, según él, inspirado por la vida de su héroe científico Benjamin Franklin. Con todo, trabajando como asesor para la Compañía Fotográfica de Nueva York, patentó una placa fotográfica para revelarse con agua *(lo cual, hay que decir, era un ingenio muy ingenioso, ya que hasta ese momento se usaban una serie de productos químicos bastante tóxicos, cierro paréntesis divagativo).* Junto a otro colega de aventuras, funda una compañía para vender este ingenio, que denominó «papel fotográfico Velox», y las cosas le fueron tan bien que en 1899 vende su patente a la empresa Kodak por ¡un millón de dólares!

Con el bolsillo bien abrigado y ,sobre todo, con el ingenio muy despierto, se propone como línea de investigación mejorar los aislantes térmicos. Hasta ese momento, el aislante que se usaba era un compuesto natural extraído de las ramas de los árboles tipo ficus, gracias a la secreción de la hembra del insecto *Laccifer lacca,* que segrega una sustancia resinosa. Pero claro, industrialmente el obtener esta resina requería mucho árbol y mucho insecto que la segregase. Nuestro homenajeado, trabajando con productos químicos que potencialmente podrían producir resinas, sintetiza la baquelita a partir de fenol y formaldehido. Con este polímero le da un vuelco a la industria, y ese 5 de febrero de 1909 se inicia la «era del plástico». ¿Por qué?, se preguntará. Pues por la sencilla razón de que este polímero era muy resistente al calor, duro, moldeable y ofrecía soluciones para muchísimas aplicaciones.

Y ahora, si usted, querido lector, es de mediana edad, lo que va a leer le recordará a otros tiempos. ¿Se acuerda de esos teléfonos fijos de ruleta que tenían unos colores como *añejos*? Pues el armazón de esos teléfonos era de baquelita. Ah, y los enchufes de casa de tus yayos, esos que tenían un color similar al color de los teléfonos, también de baquelita. ¿Y has cambiado alguna vez la instalación eléctrica de una casa, sobre todo si tiene sus *añitos*? El recubrimiento de los cables, sí, lo ha adivinado, también de baquelita. Y... bueno, ya me entiende... La baquelita se convirtió, de un día para otro, en el *maná* en eso de ofrecer un material resistente a la temperatura y aislante de la electricidad. Con su descubrimiento, se inició una revolución tecnológica sin precedentes... Así que, loado sea Baekeland y su despierto ingenio, que ha hecho de nuestro mundo un mundo más plastificado.

11 DE FEBRERO DE TODOS LOS AÑOS. DÍA INTERNACIONAL DE LA MUJER Y LA NIÑA EN LA CIENCIA

Creo que se ha dado perfecta cuenta de que este es un libro atípico, lleno de sorpresas, científicas todas ellas; y también con un tono reivindicativo *(que si la Ciencia es importante, que si está en todos lados, que si nos ayuda a comprender más y mejor nuestro entorno...)*. En este tono reivindicativo, también es un libro que intenta poner énfasis en algo fundamental y que entenderás perfectamente: la Ciencia es un ejercicio humano, en el cual unas personas dedican su esfuerzo para mejorar la vida de otras personas. En esta acción, el término «personas» incluye tanto a mujeres como a hombres... *Ergo*, ¿por qué el papel de la mujer ha sido testimonial en este campo de estudio? ¿No tienen el mismo ingenio, el mismo tesón o incluso más en eso de dejarse las cejas en estudiar e investigar que los hombres, tan científicos y doctos todos ellos?

Además, huele a tufillo raro *(y también, dicho sea de paso, un poquillo rancio)* eso de que el acceso de la mujer a la Ciencia haya sido escaso y poco representativo. Claro, tócate los... La mujer, por convicciones sociales, desgraciadamente, casi siempre iguales en todas las épocas —corrientes que dictaban que la mujer tiene que estar en casa, a cargo de la crianza de las siguientes generaciones— ha tenido poquísimo acceso a los estudios reglados, universitarios, doctos. El papel de la mujer se estableció en el de criar, alimentar, vestir y hacer crecer a las nuevas generaciones de homínidos, desde tiempos inmemoriales y... ahí se quedó... bueno, por lo menos hasta hace poco tiempo, que ya estamos cada vez más sensibilizados en dar voz a nuestras queridas congéneres con cromosomas XX, ellas tan monas *(chiste tonto, lo sééééé)* y sobre todo tan listas.

¿Ha costado cambiar esta visión, este paradigma de una mujer ama de su cueva/casa y/o mansión? Pues sí, y mucho, con ejemplos sangrantes en todas las épocas. Pero, como ya sabes de mi cruzada en contra de las filosofadas nada científicas, el gran Aristóteles ya anunciaba a bombo y platillo que «la mujer es hembra en virtud de sus limitaciones» ¡Toma ya! Te quedaste tan *a gustito,* Aristóteles, después de eso... Sin embargo, y cerrando la introducción de este primer especial del libro, el caso si cabe más denigrante y conocido fue el de las llamadas, entre otros nombres, *las calculadoras de Harvard.* Sitúese en los primeros compases del siglo XX y, sobre todo, siéntese que lo que le voy a contar lo mismo hace que se caiga de espaldas.

Las *calculadoras de Harvard* fueron magníficas científicas, mujeres abnegadas que se dejaron literalmente los ojos en analizar miles de placas fotográficas con puntitos negros revelados sobre un fondo blanco que captaban los telescopios de la época, mujeres que fueron contratadas para un trabajo tedioso, mujeres contratadas por la Universidad de Harvard por el módico salario de un tercio del sueldo de un asistente hombre... Y que encima tenían que sufrir el *bullying* de que se las considerara «el harén de Pickering». Sí, tal y como lo lees, Charles Pickering era el astrónomo de esta insigne universidad que tenía en su haber, gracias a una generosa donación, medio millón de placas con unos diez millones de estrellas, esos puntitos negros que antes he comentado. Ante tan arduo trabajo, y pensando que sus compañeros científicos hombres le mandarían a paseo, Pickering pensó en contratar mujeres para esta labor. ¿Era este caballero un feminista en potencia? Ni mucho menos, nuestro docto astrónomo pensaba que las mujeres tenían menos intelecto, pero muchísima más paciencia *(nada más que añadir, su señoría...).* Con todo, consiguió financiación para contratar —ya has leído, tres mujeres al precio de un varón— una cohorte de inteligentísimas señoras que se dedicaron, hora tras hora, a visionar placa tras placa y a catalogar estos puntitos según su brillo y posición, logrando cartografiar, por primera vez, el extenso Universo. Eso sí, después de tan arduo curro, serían los doctos señores de intelectos superiores los que sacarían las conclusiones...

¿A qué suena a una historia, cuanto menos, trágica? Nada más lejos de la realidad, ya que el tiempo pone a cada uno en su sitio y, si bien el nombre de Pickering se verá legado a la creación de su «harén» particular, el nombre de muchas de estas sesudas señoras ha pasado a la posteridad, como es el caso de Williamina Fleming —la descubridora de la nebulosa Cabeza de Caballo—, Antonia Mauri —creadora de un nuevo sistema de clasificación estelar—, Annie Jump Cannon —creadora del catálogo de espectros estelares utilizado en la actualidad por toda la comunidad científica— o Henrietta Swan Leavitt —descubridora de cuatro novas y unas 2.400 estrellas variables, además del descubrimiento de la relación entre el brillo y el período de variación de las estrellas cefeidas— (un hecho que ha pasado a la posteridad como «la vara de medir el Universo» y que usó Edwin Hubble para deducir que nuestro Universo se está expandiendo, sentando, de camino, las bases de la teoría del *Big Bang*).

Y después de leído esto, ¿no crees, querido lector, que nos hubiera ido mejor como especie si hubiéramos posibilitado el acceso de la mujer a los estudios y al conocimiento científico? Vamos, no sé tú, pero a mí me sale la cuenta de forma rápida: si usamos la mitad de los individuos disponibles, tendremos la mitad de los descubrimientos posibles... Menos mal que los tiempos cambian, así que le invito a seguir leyendo el primer especial de este libro dedicado a las homínidas pensantes del planeta.

El Día Internacional de la Mujer y la Niña en la Ciencia

Porque sí, porque está muy bien hablar de lo importante que es que la mujer llegue a las mismas cotas del hombre, en cuanto a estatus social, trabajo, estudios, etc., pero si no se plasma en leyes, reconocimientos y programas formativos promocionados desde los gobiernos, se queda en palabras de boquilla, y ya se sabe que las palabras se las lleva el viento. Es por ello, que en 2015 (*hace, desgraciadamente,* na *y menos*) la Asamblea General de las Naciones Unidas —asamblea donde se reúnen los mandamases, los amos del cotarro, los que amasan la pasta gorda, los del taco, los... vamos, ya me entiendes— proclamó que el 11 de febrero se reservaría para celebrar el Día Internacional de la Mujer y la Niña en la Ciencia, con el objetivo primordial de lograr el acceso y la participación plena y equitativa en la Ciencia para las mujeres y las niñas, salvando la brecha que existe en algunas disciplinas científico-tecnológicas (aparte de lograr, como segundo objetivo, lo expuesto anteriormente, la igualdad de género).

Hasta esta fecha, si bien es cierto que se han hecho acciones a favor del acceso pleno de la mujer a la Ciencia, la visión equitativa ha chocado frontalmente con el desarrollo de las sociedades y el derecho de nuestra compañera de especie a acciones tipificadas como «masculinas». Sí, has vuelto a leer bien, el espíritu del hombre de Cromañón, cazador y sustentador de la familia, ha hecho mucho por masculinizar nuestra existencia y, sí, desgraciadamente, este espíritu también ha empañado el desarrollo científico. Datos aterradores que sustentan esta también aterradora idea: hasta 1850 no se admitían mujeres en la universidad, siendo admitidas, a partir de esa fecha, únicamente en París y Zúrich, no se alegre tan pronto. A finales de ese siglo, ya eran una veintena de centros los que admitían mujeres, si bien es cierto que en muchos casos les costaba certificar su aptitud científica: ya leíste lo que sufrió Sofia Kovalévskaya para sacar a flote su brillantez matemática o cómo a la gran Marie Curie casi le «regatean» la concesión de uno de sus Premios Nobel. Y es que el acceso de la mujer a la Ciencia se veía como el típico «pasatiempo» de la señora noble que se aburría muchísimo de sus labores de bordado, costura y lectura de poesía *(lo reconozco, me he venido arriba y casi me atraganto con tanta bilis, en fin...).*

Con estas premisas, parecen quedar en meras anécdotas contribuciones como las de Maria Sibylla Merian —botánica precursora de la entomología que, realizando expediciones al Nuevo Mundo, catalogó y clasificó especies florales en 1675— o Caroline Herschel —astrónoma descubridora de ocho cometas, siendo la primera científica que presentó un trabajo a la Royal Society en 1798— o también Laura Bassi —la primera mujer que impartió clases universitarias como profesora en la Universidad de Bolonia en 1731— o, por qué no, Mary Somerville —astrónoma experta en magnetismo, la segunda mujer en estar dentro de la Royal Astronomical Society en 1835— o quizá Elizabeth Garrett Anderson, la primera mujer con el título de medicina en Inglaterra en 1865. Eso sin contar con mujeres que dieron su vida por la Ciencia, literalmente, como Marie e Irene Curie, o Rosalind Franklin.

¿Por qué esta invisibilización del fundamental papel de la mujer científica? Pues aparte de la típica inquina de doctos científicos menos inteligentes de la época *(seguro que alguno les tendría ojeriza...)*, la poca visibilidad de los avances realizados por científicas se debería a factores propios del nacimiento del método científico y del pensamiento social de la época: esta estandarización de la metodología científica nace en sociedades preindustriales basadas en un modelo patriarcal donde el acceso de la mujer a la Ciencia está, si no prohibido por imperativo legal, bastante limitado. Este enfoque se sustenta en algo que ya conocemos: el desarrollo científico-tecnológico occidental era y es profundamente sexista al estar construido sobre los valores de dominación y control típicamente masculinos *(lo dicho anteriormente, esos genes de rudos prehistóricos cazadores, todos muy peludos y cromañones, así a lo leñador hípster, pero con más vello)*.

Menos mal que gracias al establecimiento de un reconocimiento mundial en nuestro calendario científico, aunado con acciones educativas desde las bases donde se redunda en la importancia del acceso a la Ciencia y a la Tecnología por todos y todas, se está cambiando esta deriva *(y es que algo de reconocimiento, la típica palmadita en la espalda, siempre gusta y, sobre todo, nunca está de más)*. Es por ello por lo que la próxima parada de este especial irá sobre inventos, ingenios realizados íntegramente por mujeres... ¿Cómo te has *quedao*? ¿De *stone*? Pues nada, sigue leyendo.

Inventoras sin las que hoy en día no seríamos ni tu ni yo tan *sapiens...*

¿Cómo? ¿Mujeres inventoras? ¿Mujeres tecnólogas? No ponga cara de lince mientras lee estas líneas, que le veo con ojos muy abiertos *(el lince, por si no lo sabía, es un simpático felino patrio que se dice que tiene muy buena vista, pero de vez en cuando se come algún que otro camión al cruzar la carretera)*. Pues sí, siguiendo con este especial, toca hablar de algo que sí que constituye una *rara avis:* las patentes e inventos presentados por señoras, homínidas inteligentísimas que han vivido con el manido y rancio cliché de que las carreras tecnológicas son propias de hombres. Y es que, por dar un dato, solo un 16,5 % de las patentes presentadas en España están firmadas por mujeres. Eso sí, este dato es casi 4 puntos superior al obtenido antes de la pandemia, así que es un dato esperanzador.

La tecnología, las máquinas, los inventos, engranajes y un largo etcétera se han adherido siempre al género masculino, ahondando aún más en esa brecha de igualdad y acceso al mercado laboral entre hombres y mujeres. En este apartado te propongo una serie de inventos que usamos a diario y están cien por cien hechos por mujeres, a ver si de una vez cambiamos esa tendencia de que hay profesiones de género. Por eso, sin enrollarme más, y antes de pasar a dar loas y miles de gracias a estas inventoras, un dardo a todos mis compañeros tecnólogos y a su ego inventor (con cariño y respeto, eso sí): la patente más rentable en España la consiguió Margarita Salas, con el proceso de replicar muestras de ADN con la enzima ADN polimerasa, una técnica que ha cambiado la vida a forenses, arqueólogos y médicos (patente de número US 5001050, por si le da por buscarla). Patente que ha dejado la friolera de 6 millones de euros en regalías. *¡Casi na!*

INVENTORAS QUE HAN HECHO MUCHO POR TU MUNDO Y TÚ SIN SABERLO (I)

Amanda Jones (1835-1914)
(posado para foto carnet)

En **1872**, la neoyorquina **Amanda Jones** desarrolló un **proceso para conservar alimentos,** basado en el envasado al vacío, consiguiendo que frutas, verduras o carnes pudiesen consumirse durante mucho más tiempo.

Además, le echó valor al asunto y fundó su propia empresa, la *Women's Canning and Preserving Company,* donde todas las empleadas y accionistas eran mujeres ¡Olé tú!

La mecanógrafa estadounidense **Bette Nesmith Graham** inventó en **1956** el **primer corrector líquido,** que al principio denominó *Mistake Out* (fuera errores), buscando eliminar sus propios fallos en los textos redactados en máquina de escribir eléctrica.

En un alarde de *Quimicefa* y visión empresarial, el primer lote de aquel líquido lo mezcló en su propia cocina, para después distribuirlo a sus compañeros de trabajo en botellitas con el nombre del producto.

Bette N. Graham (1924-1980)
(un día normal de oficina)

INVENTORAS QUE HAN HECHO MUCHO POR TU MUNDO Y TÚ SIN SABERLO (II)

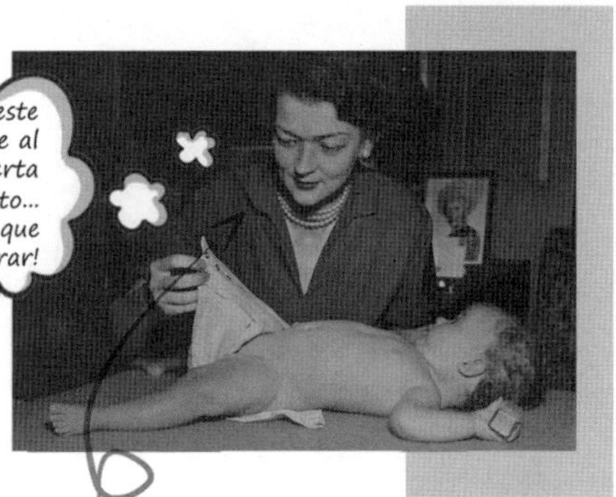

Los pañales han sido la salvación del ser humano, sobre todo del ser humano bebé. Sin embargo, hasta la década de los 50 los ingenios que existían – pañales de tela – manchaban todo a las primera de cambio. En **1946 Marion Donovan** comenzó a experimentar con la cortina de su ducha para fabricar un **pañal hermético, transpirable e impermeable**. Después de ensayos y errores, llegó al diseño perfecto: tela de paracaídas con cierres a presión. Su invento fue un pelotazo y patentó sus ingenios por un millón de dólares. *¡Ahí es ná!*

Marion Donovan (1917-1998)
(en mitad de la faena, porque sí, vaya faena)

La estadounidense **Katharine Burr Blodgett**, primera doctora en Física por la Universidad de Cambridge, dedicó su vida a la ciencia y a patentar ingenios.
El más importante, el **cristal antirreflejante** en **1938**, donde usaba revestimientos de capa fina para conseguir que el 99% de la luz lo atravesase. ¿Qué si este invento es importante? Pues piense en gafas, cámaras, telescopios, parabrisas, ordenadores o pantallas de televisión...
Y es que nuestra Katharine lista era un rato...

Katharine Burr Blodgett (1898–1979)
(de cristales sabe más que nadie)

Muestra de cristal antirreflejante
(Nota: si no ve ná, no se preocupe, detrás sólo hay un folio en blanco)

INVENTORAS QUE HAN HECHO MUCHO POR TU MUNDO Y TÚ SIN SABERLO (III)

Melitta Bentz (1873-1950) y esposo (pareja bien avenida gracias al café)

La emprendedora e inventora alemana **Melitta Bentz** desarrolló el **filtro para el café** en **1908**. Así, como buena ama de casa, se percató que los coladores de la época eran un *churro,* ni filtraban bien ni dejaban la bebida sin restos sólidos.

Así que, ni corta ni perezosa, se puso a investigar sobre una alternativa, hasta llegar a la idea de usar papel secante – de los libros del cole de sus nenes – sobre una placa perforada. Montó un *negociazo* que incluso a su muerte facturaba ventas de casi cinco millones de marcos alemanes al año.

Stephanie Kwolek (1923-2014) (gran inventora, un día normal pensando en ingenios)

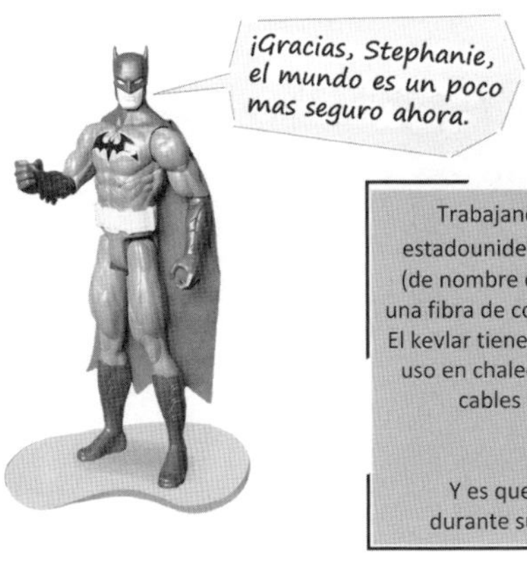

Trabajando para la empresa química DuPont Company, la estadounidense **Stephanie Kwolek** descubrió en **1965** el **kevlar** (de nombre científico-*jeroglífico* poliparafenileno tereftalamida), una fibra de color amarillo ¡cinco veces más resistente que el acero! El kevlar tiene tiene más de 200 aplicaciones, de las que destaca su uso en chalecos antibalas, aunque también la encontraremos en cables submarinos, cascos, productos aeroespaciales o frenos de automóviles.

Y es que nuestra Stephanie de tonta no tenía un pelo y durante su carrera logró poner en explotación 17 patentes.

INVENTORAS QUE HAN HECHO MUCHO POR TU MUNDO Y TÚ SIN SABERLO (Y IV)

Hedy Lamarr (1914-2000)
(belleza e inteligencia, todo en uno)

UNA HISTORIA DE CINE...

Hedy tuvo mala suerte con la elección de su primer marido, ya que se casó con un proveedor de armas para las facciones de Hitler y Mussolini. Como tenía profundas convicciones católicas, la obligó incluso a dejar su carrera cinematográfica.

Además, él la consideraba una esposa trofeo, así que únicamente tenía vida social si iba con él, con lo que Hedy estaba la mayor parte del tiempo encerrada en casa, un tiempo que ella aprovechó para estudiar ingeniería y darle al coco en eso de la tecnología de guerra, ya que conocía detalles sobre armas y comunicaciones que había escuchado de su marido.

Antes del comienzo de la Segunda Guerra Mundial, y junto a George Antheil, pianista y compositor, pone en marcha la primera versión del espectro ensanchado que permite la comunicación inalámbrica a distancia. O lo que es lo mismo, el omnipresente WIFI.

Cuando presentaron la idea al gobierno de EE.UU, el ingenio no cuajó como esperaban, sobre todo porque los mandamases del momento no entendieron las posibilidades de esta tecnología ni entendían la calidad de la misma siendo presentada por una actriz tan bella.

En fin, los estereotipos machistas de todas las épocas.

Sansón y Dalila (1949)
(nuestra Hedy ensimismada en la escena)

FUENTE: Amanda Jones tomada de MillerBeachSteve y Stephanie Kwolek tomada de Andy king50, ambas para Wikimedia Commons. Marion O'Brien Donovan Papers, archivo central, Museo Nacional de Historia Americana © Smithsonian Institution y Bette Nesmith Graham. https://anecdotasdesecretarias.com/

12 DE FEBRERO DE 1809. NACE CHARLES DARWIN, EL QUE DIJO QUE AQUELLOS MONOS SON NUESTROS PRIMOS PELUDOS

Seguimos con la evolución de este compendio divulgativo en formato libro y ahora toca hablar de eso, de evolución, pero en este caso de las especies *(el chiste malo, lo reconozco, incluso diría que es algo flojillo, pero no me me podía resistir, ya me va conociendo)*. Además, ahora toca hablar de polémica de la buena, la que mezcla temas religiosos con científicos, o sea, lo que siempre se dice de no juntar churras con merinas *(ambas, por cierto, dos tipos de simpáticas ovejas de nuestro país, por si se había quedado con la duda intelectual, que por separado presentan características muy diferentes, pero si las juntas en un mismo establo a ver quién tiene narices de saber cuál es cuál).*

Y es que resulta que un naturalista inglés, después de venir de un viaje de ultramar y hacer un extenso acopio bibliográfico con notas y dibujos de diversas especies por todo lo ancho y largo del planeta, publica sus resultados sacando como conclusión que todas las especies de seres vivos evolucionan —vamos, que todo está en constante cambio, *hoy eres una simpática ameba feliz y despreocupada en el fondo marino y pasados unos millones de años lo mismo eres un simpático monete*— y que el ser humano, como otro ser vivo más, también lo hace, tanto que hace *na y menos* éramos muy monos, pero monos literales, siendo nuestros parientes cercanos los chimpancés *—no, no, el mono lo será usted, faltaría más, ¿me he metido yo con su familia? (perdone, que acabo de irme del libro, vuelvo, vuelvo...)*—. Esta efeméride recoge el nacimiento de Charles Darwin, científico que sentó las bases de la evolución de las especies, y al que le va como anillo al dedo ese meme que dice «la que has liado, pollito», y si no me cree, siga leyendo.

Como ves en la fecha seleccionada, Charles Darwin nace el 12 de febrero de 1809 en el bello pueblo de Shrewsbury, cerca de Gales, dentro de una familia acomodada y en un hogar familiar llamado «El Monte» *(donde siempre tira la cabra... vale, ya dejo los chistes tontos).* Era el quinto de los seis retoños que tuvieron Robert y Susannah Darwin, en una familia feliz típica de los marcos de fotos, todos sonrientes, sin preocupaciones, sobre todo porque el progenitor era un magnífico médico y hombre de negocios.

Con esto, la infancia de Charles pasaría de flor en flor y de bichito en bichito, fascinándose por el espectáculo de la naturaleza, realizando colecciones de estos ejemplares e interesándose por la Historia Natural. Pero estos deseos chocaban en cierta manera con los de su señor padre, que veía que Charles era un chico inteligente y despierto, así que nuestro homenajeado se tiró todo el verano de 1825 de aprendiz de médico, asistiendo a sus paisanos con sus diversas dolencias, justo antes de matricularse en la Universidad de Edimburgo de... Medicina. ¡Objetivo cumplido, pensaría su padre!

Llegar a la universidad debería suponer para Charles lograr el objetivo de formarse en un mundo científico, pero encontró que las clases eran aburridas y la cirugía un tremendo tostón, así que no lograba centrarse en sus estudios. En el segundo año, la cosa tampoco mejoró ya que, aunque se apuntó a un grupo de debate sobre Historia Natural, las posturas de sus compañeros a favor de la evolución según Lamarck le olían a cuerno quemado, poco *científicas* (Lamark tenía como idea que era el propio individuo el que podría evolucionar y adaptarse al ambiente, según las condiciones del mismo —*hoy eres un pequeño equino que no llega a las hojas de un árbol y mañana, después de estirar el cuello todo el tiempo, te levantas hecha una magnífica y esbelta jirafa...*—). Además, sus estudios de medicina no remontaban, así que su señor padre toma una determinación: lo apuntará en un grado en letras como primer paso para convertirse en un pastor anglicano *(ni Juan ni Juanillo, ¿no?).*

¿Qué crees que hizo Charles? Pues aparte de hacer deporte, *mens sana in corpore sano,* dedicándose a la equitación y al tiro con arco, empezó a leer, a investigar, a generar colecciones de escarabajos. En fin, nuestro homenajeado intentó retomar su primer amor, La Historia Na-

FUENTE: Julius Jääskeläinen para Wikimedia Commons.

Darwin y sus debates internos después de liarla al publicar *El origen de las especies*.

tural, para hacerse un nombre dentro de los eruditos de esta disciplina. Sin embargo, y con tal de no disgustar a su progenitor, aprueba el examen final de estudios teológicos. Eso sí, ya que tiene que quedarse en la universidad hasta final de curso, aprovecha el tiempo para terminarse (empollarse) tres libros que influirán de manera decisiva en su decisión final: *Teología natural, Un discurso preliminar en el estudio de la filosofía natural* y *Viaje a las regiones equinocciales del nuevo continente.* ¿No suena a...vamos a comenzar una aventura?

Pues tal y como suena, a la vuelta de unas más que merecidas vacaciones después de los estudios, llega a casa y encuentra una invitación para ejercer de naturalista sin retribución en el barco bergantín HMS Beagle, un viaje que se presupone durará dos años. Su padre se quedaría a cuadros, pero tras la sorpresa inicial y con la típica presión familiar de «deja el niño que se curta por ahí», accede a que nuestro Charles se embarque en la aventura de su vida.

Un jovencísimo Charles Darwin zarpó el 27 de diciembre de 1831 del puerto de Plymouth para realizar una expedición a lo largo y ancho del planeta que duró la friolera de 5 años. Sus pulcras notas sobre Geología, Entomología y de disección de invertebrados marinos, además de sus dibujos sobre las especies animales que iba encontrando en paradas tan diversas como Brasil, Australia o Islas Galápagos constituyen un repositorio único. Unos años donde nuestro naturalista, haciendo trabajo de campo, fue componiendo una idea sobre la evolución de las especies. Así que, con este repositorio y esta idea inicial, nada mejor que volver a casa y plasmarla sobre el papel.

Pero el joven que se fue no era tan conocido como el hombre que volvió un 2 de octubre de 1836. Su ingente colección de muestras le hizo famosísimo entre los círculos científicos, y así, buscando alojamiento en Cambridge, empezó a poner negro sobre blanco esas notas de diario, publicando especímenes encontrados y viendo algo muy singular: en alguna de las especies había pequeñas variaciones de unas a otras —como por ejemplo los pinzones de las Islas Galápagos o los ñandúes de Sudamérica—. Esto le hizo darle al coco y pensar en algo muy lógico, la posibilidad de que una especie se transforme en otra.

Con todo, desde 1839 —año de aparición de su obra *Diario del viaje del Beagle*— hasta 1859 —año de aparición de su obra *Sobre el origen de las especies*— pasan 20 años donde nuestro homenajeado, recluido casi todo el tiempo en su hogar, reescribe sus notas, las organiza, las categoriza, las clasifica, vuelve a reescribir, todo sin que salga algo, según él, lo suficientemente acabado para ser un manuscrito final *(no sé tú, pero si estás leyendo esto en 2024, llevamos casi el mismo tiempo esperando el siguiente volumen de la colección de* Juego de tronos... *nota friki al canto).*

¿Y qué fue el *Origen de las especies*? ¿Fue ese típico superventas que esperamos ansiosos en la puerta de las librerías? ¿Fue ese libro que solicitamos en la carta a los Reyes Magos, anhelantes de que se acuerden de nosotros? Pues no..., este libro fue el Anticristo, literal. Toda la fama de Darwin no impidió que sus letras impresas en este volumen chocaran frontalmente con el puritanismo y las creencias religiosas de la Inglaterra victoriana. Caballeros y damas de la más alta *british jet set* se ruborizaban y casi les daba un patatús al oír que el ser humano, esa creación divina perfecta, había evolucionado de unos sucios, pero eso sí muy simpáticos, chimpancés. ¿No te dije antes la que había liado nuestro Charles?

Darwin fue muy cuestionado por los postulados referentes a la evolución humana. La acogida del libro *Sobre el origen de las especies* no fue la esperada, en una Inglaterra clasista y creyente. Hubo, durante mucho tiempo, mucha controversia con respecto a las tesis evolutivas planteadas en el documento y comentarios no explicados lo suficientemente bien. Si bien la comunidad científica parecía tener similares opiniones a las expuestas por Charles, como las ideas que ya tenían Lamarck y Wallace, la comunidad cristiana agarró sus postulados y los arrojó a la hoguera. Y es que nuestro científico topó de nuevo con el dogma establecido, un muro con el que ya habían chocado Giordiano Bruno, Nicolás Copérnico, Galileo Galilei y tantos otros científicos.

Y esto no lo entendía nuestro Charles, ya que sus postulados se asentaban en correctísimos y minuciosos análisis, fruto de la expedición marítima que cambió su vida y, evidentemente, la de nuestra especie. La teoría de Darwin desafió los puntos de vista científicos y religiosos prevalecientes en la época, ya que sugería que la vida en la Tierra se había desarrollado durante millones de años a través de un proceso natural gradual y no a través de la creación divina. Esta idea tuvo profundas implicaciones para la Biología, la Paleontología, la Antropología y otras disciplinas científicas. Además, presentó evidencias y argumentos a favor de que las especies evolucionan a partir de la selección natural, concepto que habla de que los organismos más adaptados a su entorno tienen más probabilidades de sobrevivir y reproducirse, transmitiendo estos ventajosos rasgos a su descendencia. Y es que tenías toda la razón, Charles, todos los seres humanos somos muy, pero que muy monos.

Un dato, que nunca viene mal ni hace daño, sobre cómo Darwin acabó en una etiqueta

¿Has visto la etiqueta del producto anisado llamado *Anís del Mono*? ¿Te has fijado en que en su etiqueta aparece un mono con signos claramente humanoides y con la cara de nuestro científico recién citado? En plena efervescencia del polémico libro de Charles Darwin, un avispado hombre de negocios, Vicente Bosch, funda una empresa de licores, y en 1870 lo primero que comercializa es un producto anisado que utiliza como publicidad las caricaturas de un Darwin simiesco (viva la picaresca española, siempre al quite con su guasa y sus dos bemoles). Por si quedara algún rastro de duda, el hombre-mono llevaba un cartel en la mano con esta frase: «Es el mejor, la Ciencia lo dijo y yo no miento».

Una particular mezcla de burla y homenaje que sería todo un bombazo comercial, y es que los españoles y las españolas seremos lo que seamos, no te lo voy a discutir, pero guasa, lo que se dice guasa, tenemos un rato...

19 DE FEBRERO DE 1473. NACE NICOLÁS COPÉRNICO Y LA TEORÍA HELIOCÉNTRICA IMPONE LA LÓGICA DE LOS CIELOS

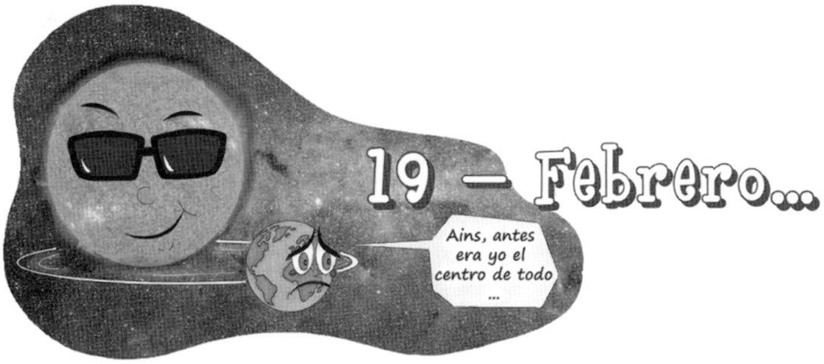

Una efeméride para volver a irnos a las estrellas, al inmenso Cosmos, en pro de conocer la armonía y el orden de los astros. Una efeméride para hacer volar nuestra imaginación y entender nuestra localización en el Universo. Y es que el 19 de febrero de 1473 nace, en la muy fría localidad polaca de Toruń, Mikołaj Kopernik, o Nicolás Copérnico para nosotros, los castellanohablantes. Nicolás es conocido por enfrentarse a la idea establecida por Aristóteles *—madre mía, que cansino este filósofo, siempre presente con sus postulados—* y aceptada por la Santa Madre Iglesia *—institución que por esa época le gustaba mucho pasar por la parrilla a los librepensadores, así que había que andarse con ojito—* de los cielos perfectos, inmutables, y siendo nuestro planeta Tierra el centro de este modelo cosmológico.

Un modelo fácil y entendible, que daba lógica a la divinidad creadora del Universo y que llevaba vigente sus buenos milenios de rigor, certificación máxima al poder. Un modelo geocéntrico impulsado por nuestro filósofo *favorito* y respaldado por las medidas de Ptolomeo, astrónomo griego que recoge todas las ideas del Cosmos tanto de nuestro Aristóteles como de Platón, y publica el libro *Almagesto* (palabra griega que significa «El gran tratado», lo que me lleva a la conclusión de que este caballero tenía un *poquillo* de ego). En fin, que este modelo simplista para mentes simples —no lo digo yo, lo dice la Santa Madre Iglesia de la época— fue tomado como dogma inamovible y sanseacabó, hasta que llegó nuestro homenajeado y... Espera, espera, querido lector, que creo que nos hemos saltado que pensaba nuestro gran Aristóteles de todo esto, así que aquí te traigo sus palabras *(100 % inventadas, faltaría más jejeje)* en una rueda de prensa...

En Atenas, frente a una multitud de medios congregados, Aristóteles, el mayor filósofo de todos los tiempos, da una rueda de prensa desmintiendo algunos postulados modernos sobre sus filosofías:

—Aristóteles, buenos días, aquí *Corinto Post,* algunos seguidores de algo que llaman Ciencia cuentan teorías muy nuevas sobre elementos químicos...

—Elementos químicos no sé qué es, elementos como tal y fundamentales son Tierra, Agua, Fuego, Aire, todo esto lo cuento en mi *best seller De elementos está hecho nuestro mundo,* disponible en las librerías más distinguidas de Atenas.

—Aristóteles, por favor, aquí al fondo, unas palabras para el *Día de Esparta,* ¿para cuándo unas reflexiones sobre los cielos, dadas las últimas filosofadas al respecto?

—¿Otra vez con la misma preguntita de todas las ruedas de prensa? Los cielos son perfectos, inmutables, alojado en una bóveda inerte, con la Tierra inmóvil en el centro del Universo y ya está, todo ello lo explico en mi último tratado *Los cielos y la quintaesencia, verdades sobre un Universo perfecto.*

—Aristóteles, una última pregunta para *Atenópolis,* ¿qué piensas de esos que dicen que solo filosofeas y que tus postulados no llegarán a nada?

—Bueno, ante eso solo quiero decir que tanto mi agente como mi *community manager* comentan que veáis lo que perduran mis postulados, que seguro me tendréis que aguantar por bastantes siglos.

Lo que imaginábamos sobre creerse el rey del mambo por parte de Aristóteles. En fin, será mejor que sigamos homenajeando a nuestro Nicolás Copérnico y dejemos de divagar por las sendas filosóficas... Como pudiste leer en párrafos anteriores, nuestro homenajeado nace en Polonia, dentro del seno de una familia acomodada, ya que su padre era comerciante en Cracovia, la capital del Reino de Polonia (encuadrado en la llamada Prusia Real, Estado autónomo subordinado al rey polaco, pero integrado en territorio alemán *—un dato histórico-geográfico nunca está de más—*) y su madre era hija de un rico comerciante de la ciudad, así que penurias no pasaría seguro.

Copérnico debería ser el típico nene inquieto y con aptitudes para muchas disciplinas, ya que se le considera un renacentista adelantado a su tiempo y un ejemplo de polímata —la típica persona que sabe hacer de *to*—, ya que en su vida fue matemático, astrónomo, médico, erudito, traductor, gobernador, diplomático y economista, aparte de ser ¡canónigo del cabildo catedralicio! Con tan inmenso bagaje a sus espaldas, no resulta nada raro que a lo que se dedicara le fuera bastante bien. Así, que se centró en la Astronomía y aplicó la lógica matemática al estudio del Cosmos.

Si bien se queda huérfano a temprana edad, el tío materno arropa a la familia, dándole sostén, amparo e influencia, ya que, gracias a este benefactor, el joven Nicolás asiste primero a estudios primarios y luego a estudios preparatorios preuniversitarios. Con todo ello, en el primer semestre del curso académico 1491-1492 empieza en la Universidad de Cracovia, con estudios en el Departamento de Arte en el momento culmen de la Escuela de Matemáticas y Astrología de Cracovia, donde adquiere la carga matemática imprescindible para sus logros posteriores.

Copérnico demuestra ser el típico empollón-rarito *(con todos mis respetos para este colectivo, no vayas a pensar mal)*, ya que tanto se instruye de la filosofía aristotélica como asiste a clases extra de astronomía, sin contar que lee/estudia/disecciona/subraya todo libro o manual que le cae en las manos: estudios clásicos como *Sobre el cielo* de Aristóteles o *Fenómena* de Euclides, pasando por el *Tratado de las estrellas* de Abenragel o *Las tablas Alfonsíes* (uno de los libros sobre astronomía más importantes hechos en nuestro terruño, impulsado por el monarca más sesudo que hemos tenido, Alfonso X el Sabio), para acabar con estudios contemporáneos como *Tabulae directionum* de Johann Müller Regiomontano. Con todo este compendio amplísimo, la visión de nuestro Copérnico era cercana a la cultura humanista, pero aplicada a la Ciencia, la típica visión holística del hombre del Renacimiento. Un prohombre cultísimo que enseguida germinó una idea loca: ¿por qué todos damos por sentado el sistema ptolemaico de los cielos?, ¿no había nadie que rebatiera esto?, ¿no había discrepancias en eso de unos cielos perfectos?

A ver, no vaya a pensar en Copérnico como el típico antisistema que te revienta una manifestación pacífica en segundos. No, no era de ese tipo de personas. Además, estas preguntas que cuestionaban ese esquema del cielo no se fundamentaban en el aire, sino que se basaban, por un lado, en sus numerosas medidas del cielo, y por otro, en su incesante revisión bibliográfica sobre el tema Cosmos. Con todo ello, se pone a realizar un análisis de las contradicciones que encontraba en el modelo establecido.

Pero claro, hablamos de un prohombre científico, pero también de un hombre creyente y seguramente, temeroso de Dios y de su brazo ejecutor, la Santa Inquisición. ¿Cómo publicar esas ideas y concepciones que tenía de un nuevo modelo cosmológico? *(que eso no era decir:* Quillos, *que estáis tontos o qué, que el Sol es el centro del Cosmos y la Tierra solo un mero planeta, a ver si observáis bien y os dejáis de esferas y epiciclos y demás monsergas. Y los curas: pues es verdad, tienes toda la razón Copérnico, gracias por iluminarnos).* Evidentemente, no era así, pero Copérnico tenía razón y quería exponerlo al resto de la humanidad. ¿Cómo hacerlo? En eso también nuestro Copérnico era un auténtico crac: tiró de libreta de contactos.

De esta forma, como ejerció de secretario y médico de su influyente tío y participó en reuniones con la realeza prusiana, fue apuntando con quién codearse. Así, desde el año 1502 al 1512, hizo infinidad de viajes de trabajo y estableció los pertinentes contactos que ayudaron a que su idea cosmológica cuajara sin muchos sobresaltos. A finales de estos viajes, en un arco de tiempo no especificado en ninguna bibliografía, pero que sería entre 1512-1514, nuestro Nicolás tenía esbozado un pequeño panfleto con algunas ideas iniciales, de título *Nicolai Copernici de hypothesibus motuum coelestium a se constitutis commentariolus*, que de nombre comercial pues poco tirón tenía, así que lo dejó en *Commentariolus*.

Con este panfleto ya impreso, empezó a moverlo entre los más conocidos, incluyendo a colegas de la profesión, como el gran Tycho Brahe —un personaje que merece un libro de aventuras aparte, o si no póngalo en su buscador web de referencia— que lo incluye en uno de sus tratados. La idea estaba propagando, pero esto tenía que pasar por el respaldo de los doctos y sabios señores de la Curia, que eran harina de otro costal.

Nicolás Copérnico se dedicó a estudiar muy mucho los cielos... alguna vez tendría, seguro, estos pensamientos.

Nuestro Copérnico siguió puliendo ese primer borrador de manuscrito final, basándose en cuidadosas medidas, más de 60 observaciones registradas en su estancia hasta 1516 en Frauenburg, ciudad del norte de Polonia cercana al mar Báltico. Y sí, lo tenía clarísimo, su propuesta de modelo era correcta, pero no se atrevía a presentarla en público. Siguió trabajando, cual hormiguita obrera, en un compendio que explicara esa teoría, pero nada, por muchos que allegados y seguidores le dijeran que lo publicara, Copérnico no lo veía claro, tanto que ya para 1532 tenía casi acabado el manuscrito de *De revolutionibus orbium coelestium* pero ni por esas, porque veía que iba camino del patíbulo y/o parrilla.

Con todo, tuvo la suerte de que, al año siguiente, el propio secretario del papa Clemente VII le explicara a su Santísima Santidad y a otros dos cardenales el modelo heliocéntrico de Copérnico. ¿Les gustó este modelo o pensaron en pincho moruno de Copérnico? Pues quedaron encantados, tanto que en 1536 le escribieron desde Roma diciendo: «tu teoría es muy molona, ven y nos la cuentas en directo». ¿Aceptó? Ni por esas, pensaría en que había gato encerrado y nuestro homenajeado retrasó todo lo que pudo la publicación, tanto que, según cuenta la leyenda, justo antes de morir el 24 de mayo de 1543 le entregaron las últimas páginas impresas de la obra, él se despertó de un coma inducido por un derrame cerebral, miró lo chulo que había quedado el libro y murió en paz, seguramente con una sonrisa de oreja a oreja.

Unos datos, que nunca vienen mal ni hacen daño, sobre Copérnico y su ayudita en eso de «su» modelo cosmológico

Copérnico fue el que dinamitó la idea de unos cielos perfectos aristotélicos, dogmáticos y divinos según la Santa Iglesia, pero no fue el primero. ¿Cómo? Espero que no te hayas caído del lugar reposado donde estés leyendo este libro, pero es que ya los griegos *(ahora seguro que sí te has caído de culo)* dieron con esa idea. Evidentemente, no todos los griegos, sino que me refiero al gran Aristarco de Samos, un astrónomo y matemático griego que vivió entre el 310 y el 230 a.C., la primera persona que propuso un modelo similar al de Copérnico, pero claro, *con una* pequeñísima *diferencia,* na y menos, *la friolera de 1.700 años antes.*

No sé tú, pero esto a mí me suena a que esta información era conocida de primera mano por nuestro homenajeado, pero si te parece, investiga y confírmalo.

27 DE FEBRERO DE 1879. CONSTANTIN FAHLBERG E IRA REMSEN DESCUBREN LA SACARINA

¡Efeméride dulce al canto, con todo el sabor, pero solo con la mitad de las calorías! *(perdón por el chiste tonto, pero venía de dulce para este inicio)*. ¿Qué haríamos sin la sacarina y otros productos edulcorantes, que endulzan los riquísimos y satánicos dulces? —el satanismo es porque se van del tirón a la zona del michelín, los muy hijos de Belcebú—. ¿Qué haríamos sin los edulcorantes artificiales y su misión fundamental de reducir calorías superfluas? (porque claro, la tostada con chicharrones, pero el café con sacarina, lo que yo llamo el típico trampantojo después de ponernos *bocarriba* zampando).

Y es que resulta que estos aditivos alimentarios tienen menos poder calorífico que el azúcar de caña o de remolacha, y claro, si engorda menos, *a priori* a nadie le amarga un dulce *(vale, vale, ya no más chistes)*.

Retomando el hilo, querido lector, que me disperso... El 27 de febrero de 1879, los investigadores Constantin Fahlberg e Ira Remsen descubren el primer edulcorante sintético, la sacarina, o en lenguaje científico, que mola más, el ácido anhidroortosulfaminebenzoico *(lo admito, me he colado con lo del lenguaje científico)*. Si es usted de los que les gusta mirar las etiquetas de los alimentos que compra, la encontrará con el código E-954.

¿Cómo se descubre la sacarina? Pues por puro ¡azar! —bienvenida serendipia que tanto haces por las investigaciones y los pobrecillos científicos que se encuentran atascados en las mismas—. En el caso de la efeméride, incluso concurren temas poco científicos como envidias y patentes, pero no adelantemos acontecimientos y sigamos endulzando el camino *(último chiste sobre dulce, lo prometo)*.

Constantin, químico ruso, desarrollaba su actividad en los laboratorios de Ira Remsen, en Estados Unidos, el químico más destacado de esa época —está visto que la cosa no estaba tan tensa como ahora entre ambas potencias—, investigando sobre posibles derivados del alquitrán de hulla (que ya por su nombre se ve que la cosa se va poniendo negra). La cuestión es que nuestro investigador terminó su jornada laboral, tiró para la casa y, con las prisas y el hambre, se puso a cenar sin lavarse las manos —querido lector, si eres de los que trabajan con el alquitrán, lávate las manos, no seas tan guarrete como nuestro homenajeado—.

Esas manos negras de alquitrán fueron el detonante del suceso azaroso de la cena. Cogió un trozo de pan y notó un sabor extrañamente dulce. El ruso, enojado, se dirigió a su esposa y hablándole en ruso, le diría seguramente: Этот хлеб сладкий, что ты сделал? *(perdón, me olvido de que soy políglota nivel Google Translate, quería decir «este pan está dulce, ¿qué has hecho?»)*. La mujer le diría que nada extraño, a lo que nuestro Constantin caería en la cuenta de que la respuesta estaba en sus manos, y pensó que se habrían impregnado de alguno de los productos que había manejado ese día en el laboratorio.

Hizo alguna prueba y descubrió que era una imina del ácido ortosulfobenzoico. Ahora empieza el momento tensión discípulo-jefe, ya que nuestro Constantin no dijo ni mu, y pidió una patente para este nuevo compuesto dulce en la cual no incluyó a su jefe, haciéndose enseguida millonario. A partir de entonces no se llevarían muy bien y entrarían en un período de: «tú dijiste eso y aquello, y es totalmente mentira», «te voy a meter un pleito que te vas a cagar», «yo soy el químico famoso y como no me pongas en la patente, te echo del laboratorio» y un largo etcétera. La verdad verdadera es que, en 1884, nuestro Constantin patenta como único descubridor la sacarina, y tiene encima la *potra* de montar una empresa en Alemania y hacerse multimillonario en la Primera Guerra Mundial (ante la escasez de azúcar, sacarina al canto).

Y esta es la bonita historia de la sacarina, el primer edulcorante artificial, el primer compuesto que hace que nos sintamos menos culpables cuando nos hemos dado un banquete de tomo y lomo. Por cierto, en la imagen que acompaña a esta efeméride, verá que hay una publicidad de vino con sacarina, y eso es una verdad como un templo. En algunos sitios de Alemania añaden sacarina al vino para aumentarle el contenido alcohólico final por corrección del azúcar de partida, ya que se parte de uvas menos dulces... pero eso, si te parece, para otro momento y/o libro.

La sacarina, un descubrimiento azaroso para hacernos la vida más dulce, pero menos calórica.

5 DE MARZO, DOS EFEMÉRIDES AL PRECIO DE UNA: 1827, MUERE ALESSANDRO VOLTA, EL HOMBRE DE LA PILA ELÉCTRICA (Y DE LOS DISPOSITIVOS QUE NECESITAN ELECTRICIDAD). 1938, NACE LYNN MARGULIS, BIÓLOGA ESTADOUNIDENSE PIONERA DE LA EVOLUCIÓN BIOLÓGICA (¡QUE VIVAN LAS CÉLULAS EUCARIOTAS!)

Puedo imaginar lo que estás pensando, y tienes toda la razón. Una bacteria y una pila, en principio, no tienen nada en común, pero es que uno es científico, y no he podido quedarme con una sola efeméride para esta fecha seleccionada, sino que he tenido que elegir dos, ya que ambas efemérides supusieron un gran avance para nuestra sociedad.

Empezando por la primera, el 5 de marzo de 1827 muere el gran químico y físico italiano Alessandro Giuseppe Antonio Anastasio Volta *(otro nombrecito con mala baba para el cura de turno en el bautismo)* en la bella localidad del norte de Italia llamada Como *(¿Cómo? No, Como, que es el nombre de una ciudad)*. Como científico no lo tendría que hacer nada mal, porque resulta que, en su honor, la unidad de fuerza electromotriz, según el Sistema Internacional de Medidas, se llama voltio.

¿Y cómo era nuestro homenajeado? Pues resulta que era noble, de familia de bien... *abrigada la cartera,* pero al quedarse huérfano de padre a los 7 años, al pobre Alessandro la cosa se le pondría un poco cuesta arriba. Además, contraviniendo todos los deseos familiares de tener un abogado en casa, consiguió hacerse un hueco en los estudios científicos.

De esta forma, nuestro Alessandro empezó con la Física, trabajando con la electricidad, las chispas y los calambrazos, además de con esa manía que tenemos algunos científicos de desmontar y montar cachivaches, ya que en 1774 inventa el *electróforo,* un dispositivo relacionado con la electricidad estática. Dos años después, aburriéndose de la Física, se dedicó en cuerpo y alma a la Química, descubriendo y aislando el gas metano *(sí, uno de los gases referentes en eso del efecto invernadero, y sí, el gas de descomposición de simpáticos rumiantes productores de rica leche, que sé que este último dato lo sabías).*

Pero, ¿por qué Volta ha pasado a estar en los altares de la Ciencia? Pues por *na,* una simpleza, ser el inventor de la primera pila eléctrica *(ahora, querido lector, busca un juguete o un dispositivo portátil que no tenga en su interior una pila...),* el primer dispositivo capaz de generar energía eléctrica a partir de energía química. Simplificando la Ciencia al máximo exponente, una pila no es más que dos electrodos sumergidos (o lo que es lo mismo, dos varillas metálicas) introducidos en una disolución conductora de la electricidad o electrolito *(experimento casero, echa sal a un recipiente con agua y* voilà, *tendrás en un momento una disolución conductora).*

Las pilas de ahora son pequeñas, *cuquis* e incluso las hay de tipo botón, pero la pila de Volta no tenía un aspecto arrebatador: consistía en una serie de pares de discos de zinc y de cobre, apilados de forma alterna y con trozos de cartón o tela impregnados de salmuera. Un diseño que funcionaba y daba una corriente cercana a 1 voltio, un ingenio que ha cambiado la vida de tantos, pero sobre todo de aquellos nenes que, desesperados, buscan pilas nuevas para que siga funcionando su juguete favorito.

Volta, un científico eléctrico a más no poder.

Y del tirón, dejamos el campo de la Fisicoquímica para adentrarnos de lleno en el de la Biología, de la mano de la segunda efeméride, ya que un 5 de marzo de 1938 nace, en la ciudad de Chicago, Lynn Petra Alexander, nombre que cambió, en segundas nupcias, por Lynn Margulis *(nombre claramente con más marketing).*

Si veníamos de la polémica, páginas anteriores del libro, de Darwin y de eso de que venimos del mono, nuestra Lynn se salta a la torera más de una centuria de la teoría evolutiva moderna o el llamado neodarwinismo, un *totum revolutum* de teorías aceptadas como la selección natural de Darwin, la teoría genética de Mendel, la mutación o la genética de poblaciones. Pero no hagamos *spoilers* y antes comentemos algo de Lynn.

Nuestra homenajeada mostró, desde pequeña, muchas inquietudes científicas y ser más lista que el hambre, así que ya a la tierna edad de 16 años fue aceptada en el programa de adelantados de la Universidad de Chicago, donde a los 20 años se licencia y se lleva un título, un marido famoso (Carl Sagan, astrónomo, divulgador y creador de la magnífica serie *Cosmos*, que, si no la has visto, corre a verla... después de terminar este libro) y sobre todo, mucho escepticismo *(a ver, años sesenta del siglo anterior, mujer y científica, nada más que decir, señoría).* La cuestión es que Lynn no se achantó y prosiguió con estudios superiores, especializándose en Genética, además con *notazas.* Por lo que fuera, se interesó muchísimo por las bacterias y su evolución, que hasta esa época se habían considerado como gérmenes patógenos y tenían muy mala prensa. Con ello, pensó que estos simpáticos gérmenes podrían ser el origen de las células eucariotas, las que forman todos los organismos pluricelulares. ¿Todos, todos? Mira que hay muchos. ¡Pues sí, todos, todos, y algunos unicelulares también!

FUENTE: Eugenio Morales Agacino para Wikimedia Commons.

Lynn Margulis, una científica top y una mujer con un buen rollo y humor.

Para que nos entendamos, te recuerdo que hay dos tipos de células: las procariotas, como las bacterias, que no poseen núcleo y tienen todo el material genético desperdigado por ahí, vamos, como la ropa en el dormitorio de un adolescente promedio; y las eucariotas, con sus orgánulos especializados, cada cosa en su sitio, todo ordenadito, su ADN recogidito en el núcleo... vamos, una maravilla. El paso evolutivo del dormitorio de adolescente al dormitorio de Marie Kondo fue el tema central de estudio de Lynn.

De esta forma, propuso una idea, materializada en teoría para explicar el origen de las células eucariotas, llamada *endosimbiosis seriada,* que de nombre pues no tiene mucho gancho, pero el concepto es sencillo: todo empezó cuando una célula procariota se comería algunas bacterias, pero de *chill,* de buen rollo, y a partir de ahí empezaron a colaborar mutuamente.

Evidencias posteriores han avalado esta teoría y claro, sin el esfuerzo de nuestra Lynn Margulis, pues no habríamos comprendido que, sin este paso de procariotas a eucariotas, la vida en la Tierra sería más aburrida, se habría limitado a ser un conglomerado de bacterias. En resumen, una vida en la cual no existiría la gran variedad de especies que hay en la actualidad, y eso que ya nos hemos *cargado* a unas cuantas.

12 DE MARZO DE 1838. NACE WILLIAM HENRY PERKIN, EL QUE NOS DESCUBRIÓ EL PRIMER TINTE SINTÉTICO

¡Vayamos directamente en esta efeméride a una droguería! Pero no, no a por aguarrás ni a por otros productos relacionados, sino porque en esta entrada hablaré de William Henry Perkin, el químico británico (*God Save the Queen*, ah no, *the King*, perdón el desliz, es la costumbre) que nos trajo el primer colorante sintético. ¿Es de importancia este hallazgo? Pues no sé yo, valóralo directamente con hechos: hasta este momento los pigmentos y los tintes —esas sustancias que podíamos usar para pintar, lo mismo una cueva que un lienzo, o para tintar y teñir tejidos—, se obtenían directamente de la naturaleza. De esta forma, estos tintes podíamos obtenerlos de sustancias inorgánicas, como minerales y por simple molienda; o de sustancias orgánicas, como plantas e, incluso, organismos vivos y por extracción de esos pigmentos.

Hasta la llegada del homenajeado en esta efeméride, nuestro supermercado de confianza, en eso de obtener tintes y/o pigmentos, era la naturaleza. De esta forma, uno de los primeros pigmentos utilizados sería nuestra sangre, un pigmento que es rojo gracias al hierro del grupo hemo de la hemoglobina. Un magnífico pigmento para decorar cavernas y describir nuestra actividad como recién nacida especie pensante —casi siempre relacionada con prácticas de carácter mágico-religiosas para propiciar la caza del suculento bisonte y el no menos rico mamut (o dejar *grafitis* para la posteridad como «Aquí vivió Tanok, el hijo de Kasakir»)—. Este pigmento rojo, con el tiempo, se sustituiría por sustancias inorgánicas como hematites, que son minerales compuestos por óxido de hierro de intenso color rojo *(y así tampoco había que desangrar a nadie para dejar un dibujo).*

Este uso y estudio científico fue avanzando y se fue sistematizando en un catálogo de pigmentos, tanto orgánicos como inorgánicos, que bien podían surtir a Miguel Ángel, Rafael, Tiziano y tantos otros ilustres pintores, o a nuestra abuela que una mañana cualquiera decidía teñir ese tejido blancuzco para darle un tono azul imperial. Y es que incluso estos pigmentos se convirtieron en un reflejo del estatus social, sobre todo en civilizaciones como la griega o romana. Un ejemplo altamente estudiado es el color *púrpura de Tiro,* un tinte usado por los fenicios y de altísimo valor para los romanos, ya que era usado para teñir túnicas ceremoniales. Un tinte extraído de la secreción de la glándula hipobranquial del caracol marino llamado *Murex (que finolis, tú)* o en un *andalú* gaditano, *cañailla* (olé Cádiz, sus productos marinos y sus aplicaciones tecnológicas). Un tinte carísimo, ya que para obtener un gramo de púrpura se necesitaban unos ¡9.000 caracoles!

Y aquí, después de esta extensa introducción-divagación, vayamos directamente a hablar del homenajeado. William Henry Perkin nace en el *East End* de Londres, un auténtico *cockney* (un vulgarismo que significa «habitante de los bajos fondos de esa zona de la ciudad»), y era el séptimo hijo de George Perkin, un carpintero de cierto prestigio por esos lares. A la tierna edad de 14 años asistió a la Escuela de Londres, donde su profesor le vio el típico *brillito científico* y le anima a que estudie Química. Así que, con solo 15 años entra en el Real Colegio de Química, e incluso a los 17 fue alumno del distinguido químico alemán August Wilhelm von Hofmann...

Pensará, con razón, *vaya curriculazo el de nuestro Perkin.* Pues sí, pero no, porque su bajo estatus le hacía flaco favor, y encima tenía que ingeniárselas para ayudar en la casa aunque, eso sí, ingenio no le faltaba para la venta. Y si no, lea la próxima historieta *(ya sabe, 100 % inventada, rechace imitaciones)* de este libro.

...Perkin y la venta ambulante de tintes

En la Inglaterra más victoriana, un joven llamado William Perkin persigue ganar algunas libras esterlinas mientras promociona su incipiente negocio de exclusivos pigmentos, puerta por puerta. Hoy ha llegado al 112b de Baker Street, donde vive una famosa pintora de corte...

—Bella dama, aquí William Perkin, servidor vuestro, gran químico y el mejor vendedor de exclusivos pigmentos de toda la Gran Bretaña.

—Sir William, no lo conozco, pero tampoco tengo tiempo para vendedores ambulantes, que tengo un cuadro de nuestra amada Reina Victoria a medias...

—Pues entonces, que mejor que lo que puedo ofrecer en mi maleta de pigmentos. Por ejemplo, ¿ha pensado en usar algo regio e inmortal como mi pigmento marrón momia, hecho a partir de polvo de auténtica momia del Egipto más faraónico?

—No sé, no sé, eso de usar momia en el cuadro de nuestra augusta majestad... No creo que sea mucho de su agrado... además, da un poquillo de repelús.

—Entonces, tengo la solución perfecta, le ofrezco un pigmento rojo del rojo más puro y brillante, el ácido carmínico, hecho a base de muchos insectos, las cochinillas o bichos bola, secados y horneados durante días al sol.

—Uy, uy, insectos, eso da un poquillo de asquete, ¿no? Además, usar cochinilla en ese cuadro, no sé yo, que puede haber malinterpretaciones. Déjelo y no agote más mi tiempo...

—Espere, espere, un último intento. Este seguro que le gusta. Debido a que somos un país con tantas colonias, ¿por qué no usar productos de estas exóticas tierras? En este caso, traigo aquí un amarillo indio, euxantato de magnesio, hecho originalmente de orina de vacas alimentadas exclusivamente de hojas de mango. Mas natural y ecológico imposible...

—¿Qué está hablando? Nada, señor Perkin, siga usted con sus negocios o si cree conveniente dedíquese a otra cosa, pero mi tiempo es oro y creo que ese colorante sí que es regio y del agrado de nuestra excelsa majestad. ¡Buenos días!

Y tras un breve pero intenso portazo, nuestro desdichado vendedor se va, no sin antes pensar que eso de los pigmentos seguro, seguro, le va a dar pingües beneficios, aunque quizá debiera ampliar su catálogo.

¿Cómo se ha quedado, querido lector? Acaba de leer que la vida de nuestro Perkin como vendedor era, cuando menos, azarosa, pero haciendo gala del refrán «el que la sigue, la consigue» nuestro homenajeado al final pegó el *pelotazo*. Y es que, trabajando con Hofmann y bajo su tutela, Perkin empezó a trabajar con la anilina (la base del colorante azul índigo) y al oxidarla, posiblemente de aquella manera, observó que, al intentar diluirla para eliminarla, se coloreaba en tonalidades moradas. Con solo 18 años había obtenido, gracias al azar, el primer tinte sintético (la *anilina* morada, *malveína* o la llamada con el tiempo y en su honor, *malva de Perkin*). Viendo negocio, patentó la idea y se hizo millonario de la noche a la mañana.

¿Cómo? Como lo lees, Perkin y familia fundaron una fábrica para producir estos tintes. De esta forma, no solo William realizó el descubrimiento, sino que organizó la fábrica, obtuvo el préstamo necesario, hizo labores de comercial en la venta del producto e incluso aplicó mejoras al proceso industrial de la obtención del tinte. Y es que el tinte obtenido, el color púrpura, desde tiempos antiguos simbolizaba la realeza (si no, lea de nuevo en páginas anteriores lo del pigmento púrpura de Tiro). Tuvo tan buena acogida que a los 21 años era millonario.

De la noche a la mañana, pasó de ser un *cockney* a un respetado señor empresario. William diversificó el negocio con perfumes, como la cumarina, o con otros tintes, como la alizarina —de color rojo intenso— pero la competencia internacional ante una incipiente industria química de los tintes era grande y la empresa de Perkin no podía competir con gigantes industriales como Bayer o BASF. Con todo esto, William Perkin decidió vender su negocio y decide ¡jubilarse a la edad de 36 años! y eso, querido lector, sí que fue un tremendo *pelotazo*.

FUENTE: Esta imagen proviene de Wellcome Images, un sitio web operado por Wellcome Trust, una fundación benéfica global con sede en el Reino Unido.

El químico Perkin y sus cosillas en eso del *vending* del primer tinte sintético.

19 DE MARZO DE 1900. NACE JEAN FRÉDERIC JOLIOT-CURIE, EL YERNÍSIMO DE LOS CURIE

Ser yerno muchas veces no está pagado *(desde aquí un saludo a mi señora suegra, por si está leyendo estas líneas, se la aprecia, no vaya a pensar mal),* pero sobre todo lo está todavía menos si encima lo eres de una eminencia en Ciencias, la típica persona que es voz autorizada para decirte si el experimento que estás planteando es correcto o es la birria que no pasará a los anales de la historia. Te puedes imaginar que la cosa se pone tensa y no es para menos, ya que en esta efeméride homenajeamos a Jean Frédéric Joliot-Curie, el yernísimo de la grandísima Marie Curie. ¡Ya me imagino yo las celebraciones en casa de Curie, todos resplandecientes! *(este chiste es malo y negro, así que pido perdón para todos los resplandecientes del mundo, empezando por las luciérnagas y esa forma tan bonita de ritual de apareamiento encendiendo el culo cual* Gusiluz *con pilas nuevas).*

La cuestión es que el 19 de marzo de 1900 nace Jean Frédéric Joliot (lo de Curie vendría después de las nupcias con la *hijísima*) en la capital francesa, un nene típico con las típicas aptitudes para la Ciencia —observador, avispado, listo a rabiar y *culillo de mal asiento*— que decide estudiar en la Escuela Superior de Física y Química de la Villa de París, licenciándose en Física (lo cual era lo normal, porque en esa época la Física era *trending topic,* con todo por descubrir en el interior del átomo). Muy malejo no tendría que ser como estudiante, ya que una vez con su licenciatura bajo el brazo, en 1925 empezó a trabajar como asistente personal de la grandísima Madame Curie *(a ver, este dato suena a chico de los recados, ese de «niño, el café me gusta con dos terrones, leche de soja y calentito, que siempre me lo traes frío», pero no se adelante con especulaciones infundadas y siga leyendo).* Y en 1926 se casa, ¿con quién?, pues con la hija de la jefa, la también científica Irene Curie. Para más *inri,* deciden unir sus apellidos, con cual nuestro homenajeado queda registrado para la posteridad como Jean Frédéric Joliot-Curie. Asimismo, a instancias de la suegra, se doctora en Ciencias *(mi hija, acabáramos, casada con un simple licenciado).*

FUENTE: Deutsche Fotothek para Wikimedia Commons.

La vida no es todo de color rosa en el día a día del yernísimo de Madame Curie.

¿A que esta historia suena al típico *braguetazo*? Un afortunado advenedizo que se cae de pie en la familia más importante en Ciencias del momento... Pues no, así que por listillo te vas a llevar un chasco. Jean Frédéric era un excelente científico, y ya en sus tiempos universitarios se interesó en las reacciones en cadena y en los requisitos para la construcción de un reactor nuclear que usara uranio en la fisión nuclear, una línea de trabajo que desarrolló por completo junto a su también inteligentísima esposa, y que fue merecedora en 1935 del Premio Nobel de Química por «sus trabajos en la síntesis de nuevos elementos radiactivos».

Sí, como lees, el matrimonio Joliot-Curie siguió la senda familiar de seguir investigando en el fenómeno de la radiactividad, estableciendo las bases de la fisión nuclear, reacciones en la cuales un átomo *mu gordo* se divide por el impacto de particulitas en otros átomos más livianos, desprendiendo en este proceso una gran cantidad de energía.

Pero, antes de seguir, un inciso, que seguro que te has quedado con ganas de *salseo,* imaginando la vida de nuestro homenajeado de esta efeméride en el día a día en casa de los Curie... Pues deseo concedido, aquí tiene la historieta más inventada a este respecto...

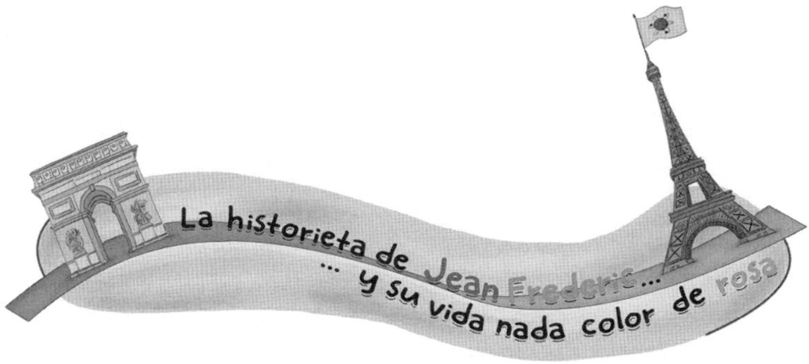

En Madrid, en su única visita a nuestro país, corresponsales de todos los medios entrevistan a Jean Frédéric Joliot-Curie, el yernísimo de la afamada Madame Curie, justo después del *pelotazo* de conseguir el premio Nobel. En la ronda de entrevistas, le toca a la periodista enviada por la afamada radio Paradigma Media...

—Buenos días a todas nuestras oyentes. Estamos aquí, en el Hotel Ritz de Madrid, entrevistando a un chulazo, un galán y un científico en toda regla. Buenos días, Jean-Frédéric Joliot-Curie.

—*Bonjour, belle dame.* Por favor, llámame Frédéric, acortando un *peu* que si no la entrevista se va a alargar más que un día sin *pain.*

—De acuerdo, si le parece Frédéric háblenos de su descubrimiento...

—Ah, *bien sûr.* Mi pequeña y bella Irene y *moi* descubrimos las *réactions de fission* usando *petites particules* y obteniendo *grande énergie. C'était le plus beau jour de notre vie. Pardon,* el francés. Fue un día maravilloso, reconocido ahora con *le Prix Nobel.*

—Sí, sí, todo muy interesante, pero yo le hablaba del descubrimiento de tener a una suegra tan inteligente y encima ganadora de dos Premios Nobel. ¿Qué tal Marie Curie fuera de los focos, en la intimidad de la casa?

—Una grande *femme* y una gran científica...

—Un poco escueto. ¿Seguro que solo eso es lo que puede contarnos de Madame Curie? Uhm... ¿Podrías contarnos algo del día a día en casa de la suegra?

—A ver, estas no eran las preguntas que esperaba. Mon manager ya comentó antes de empezar que solo se iba a hablar del Prix Nobel...

—Ya, pero una pequeña anécdota no hace daño, ¿no?

—Bien, *très bien, aucun problème. Aux dîners de Noël,* en Navidad, mi suegra está todo el tiempo: *Frédéric, couper la dinde. Frédéric, mettez la table. Frédéric, avez-vous apporté le vin?* Un poco estresante. *De plus,* mi suegra está *toit le temp* soltando eso de «yo tengo dos premios Nobel y tú ¿qué? ¿eh? Uno a medias con mi *petit fille*»... Y claro, uno se calienta y le dice *chaque jour je te surprends,* la muy suegra mía.

—Ah, que no todo es color de rosa en casa de los Curie...

—Mi suegra y mi amada Irene se van al laboratorio, y yo me quedo en casa *nettoyage de la vaisselle et ramasser la maison, pardon,* el francés, haciendo de sirviente. Si es que hasta mi suegra nos ha regalado un chien, un perro, ¡y yo soy alérgico! Además, el perro *aboie après moi, grrrrhh toit le temp, grrrrhh toit le temp,* e incluso me muerde. *La vie est très très dure* en mi casa...

—Ay, pobre, tome un pañuelo, que veo que se ha emocionado. Pues nada, queridas amigas, no todo es color de rosa en casa de los Curie...

Jean-Frédéric coge el pañuelo, se seca las lágrimas y se queda más relajado después de la entrevista. Y es que, sí, es muy duro ser el yernísimo de los Curie...

Sí, seguro que te lo imaginabas así a nuestro pobre Jean Frédéric, pero sigamos... Aparte de los grandes avances en el campo de la radiactividad, nuestro homenajeado estuvo muy comprometido con el tiempo que le tocó vivir. De esta forma, durante la invasión nazi en Francia, nuestro Jean Frédéric, que ya era un miembro destacado del Partido Comunista Francés, pasó a estar en primera fila dentro de la Resistencia Francesa. Una vez acabada la Segunda Guerra Mundial, fue nombrado comisario del Gobierno francés para la Energía Atómica, supervisando en 1948 la construcción del primer reactor atómico francés. Además, fue uno de los once intelectuales que en 1955 firmaron el manifiesto Russell-Einstein, un manifiesto que ponía en alerta a la comunidad internacional con respecto a la peligrosidad de la proliferación del armamento nuclear, un manifiesto que instaba a los grandes líderes mundiales a buscar soluciones pacíficas a los conflictos internacionales *(entre usted y yo, este manifiesto creo que se lo ha leído poquísima gente, por desgracia...)*.

El 14 de agosto de 1958, a causa de una enfermedad hepática, nuestro homenajeado deja este mundo material para pasar a la eternidad y al mundo de los átomos y de su energía nuclear, dejando un gran legado de investigaciones en este campo científico. *À bientôt, Jean Frédéric Joliot-Curie.*

Unos datos, que nunca vienen mal ni hacen daño, sobre el linaje más nobel (que aprendan los que tienen la L cambiada de sitio)

La casta, el abolengo, el linaje, la sangre pura... pero científica, no vaya a pensar mal. La línea dinástica que iniciaron los Curie sobrevive, a nivel de Ciencia, en sus nietos, Hélène Curie-Joliot —Física Nuclear— y Pierre Joliot-Curie —bioquímico—. Una familia por las que corre las investigaciones más top, acumuladoras de la friolera de cinco premios Nobel (la gran Marie Curie —dos Nobel— Pierre Curie, Irene y Jean Frédéric —un Nobel cada uno—). Además, en un giro de tuerca y un dato más para ese *salseo/cotilleo,* la nieta de Madame Curie está casada con el nieto de Paul Langevin, el amorío tardío de nuestra afamada Marie que levantó más de una ampolla *(sí que el mundo científico es un pañuelo... y el amor, normal, está en el aire y se irradia por los laboratorios).*

27 DE MARZO DE 1845. NACE WILHELM RÖNTGEN, AUTOR DE LA PRIMERA RADIOGRAFÍA (QUE VIVAN LOS RAYOS X Y SUS MÚLTIPLES APLICACIONES)

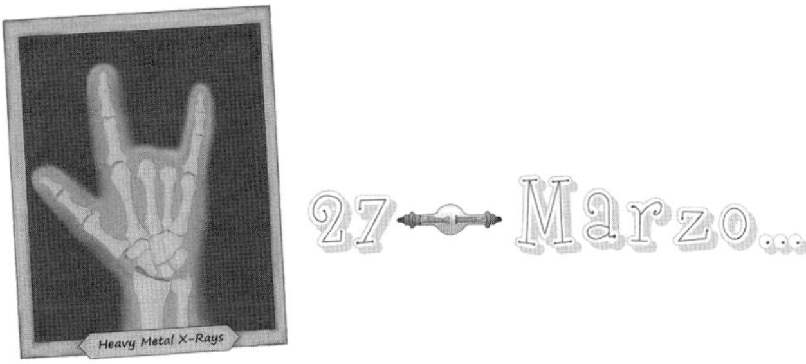

Seguro que si usted, querido lector, es tan trasto como un servidor, habrá tenido que hacerse alguna vez en su vida una radiografía, una técnica usada muy frecuentemente en Medicina y que revela, cual fotografía invertida, las partes óseas de nuestro esqueleto, en busca de alguna fractura y/o fisura. Para realizar esta foto, se utiliza una fuente de energía que tiene un nombre la mar de misterioso, los rayos X *(ya le adelanto como* spoiler *que de misteriosos* na, *que se conocen perfectamente qué son y los mecanismos de cómo actúan...).*

El responsable de esta energía, que tiene un nombre de aparecer en alguna serie de Marvel, es Wilhem Conrad Röntgen, que nace justamente el 27 de marzo de 1845 en la ciudad germana de Lennep, actual Remscheid. Wilhem Conrad sería el típico nene nervioso como rabo de lagartija, inquieto a más no poder y que se aburriría muchísimo en la escuela, ya que después de pasar de la etapa primaria, fue expulsado al hacer una caricatura de uno de sus profes *(lo dicho, que se aburría).* Con todo, se interesó mucho por la Ingeniería, recibiendo en 1868 su título de ingeniero mecánico, y al año siguiente, el doctorado en Ciencias. A partir de 1876 empieza a trabajar de profesor de Física en Estrasburgo, y después como físico jefe en la Universidad de Wurzburgo.

Pero si por algo es archiconocido nuestro homenajeado es por el descubrimiento de los rayos X, un descubrimiento que podemos tildar de revelación de una noche, la del 8 de noviembre de 1895.

Si bien muchos científicos de la época estaban liados estudiando las fascinantes propiedades de los rayos catódicos, descubiertos por el físico y matemático Plücker, dando nombre a los rayos que emanaban de una lámpara de vacío, no fue hasta que nuestro Röntgen se puso a jugar al *Quimicefa* con este instrumental, que se pudo observar alguna propiedad interesante. Lo que pasó esa noche, para darle más halo de misterio, incluso se ha tenido que ir reconstruyendo con el paso del tiempo, ya que Wilhelm dio instrucciones precisas de quemar parte de sus pertenencias después de su muerte. Muy probablemente lo que ocurriría fue que apareció una misteriosa luminiscencia en un papel pintado con una sustancia fluorescente sensible a la luz —casi con seguridad sería platino-cianuro de bario—. El papel se encontraba bastante distanciado de la fuente de emisión, la lámpara de descarga de rayos catódicos y, si bien es verdad que nuestro científico tapó con cartón este instrumental, la luminiscencia no disminuyó.

Nuestro homenajeado intuyó de inmediato que había encontrado algo nuevo, algo que ningún científico había reparado al trabajar con estas lámparas, y se dedicó durante los sucesivos días, y las no menos sucesivas noches, a investigar más y más sobre este fenómeno luminiscente. Se puso tan concienzudamente a la tarea que pasaron la friolera de ¡17 años! hasta que alguien pudo sumar otros hallazgos básicos a su investigación.

¿Y de qué hallazgos básicos hablamos? El fundamental, que esta radiación misteriosa podría atravesar casi todo. Uno de los episodios más conocidos es sin duda el pedazo de susto que se pegó su mujer. Röntgen llevaba días experimentando con eso de revelar el interior del cuerpo humano, y decidió mostrárselo a su amada y sufrida esposa. El típico «pon la mano aquí, querida, no la muevas que no pasa *na*». La visión de la mano, todo hueso y con el anillo de boda, que fue la primera radiografía tomada, fue de tal impresión para Anna Bertha Ludwig que lo primero que expresó fue: «ya no veo mi mano, veo la muerte frente a mí».

Como has leído, de esta forma tan azarosa «nacen» los rayos X, esa radiación que debido a la diferente absorción que tienen los distintos tejidos, hizo posible ver el interior del cuerpo humano, siendo la primera técnica de diagnóstico por imagen. Röntgen bautizó esta radiación con el nombre de rayos X o *rayos incógnita* al desconocer su naturaleza, pero investigaciones posteriores aclararon que los rayos X eran una

W. Röntgen, el primer científico hípster de la historia (o eso dice él).

forma de radiación electromagnética, como la luz visible, pero con más energía. Con todo, se decidió dejar esa nomenclatura, e incluso en algunas regiones de Europa, en honor a nuestro azaroso descubridor, se les denomina rayos Röntgen.

Además de los usos que tienen en Medicina, los rayos X dan lugar también a una serie de técnicas que nos permiten analizar la composición de la materia, como la fluorescencia de rayos X, y estudiar su estructura, como la difracción de rayos X.

Por otro lado, cuidado con esta energía, querido lector, ya que los rayos X son una radiación bastante energética que, en general, a dosis bajas son inocuos, pero que en personas expuestas a grandes cantidades o durante largos períodos de tiempo, pueden tener efectos nocivos sobre su salud *(por esta tonta razón los especialistas que hacen radiografías en un centro médico van forrados en plomo, ¿o acaso creías que era por presumir de modelito?).*

Para cerrar esta efeméride, un acto altruista de nuestro Wilhelm Röntgen. Este descubrimiento de los rayos X le valió la concesión del premio Nobel en 1901, que ni siquiera recogió, donando el importe económico del mismo a su universidad. Rechazó también ponerle su nombre a la radiación descubierta, y nunca quiso patentar su descubrimiento, ya que consideraba que era un conocimiento que debía pertenecer a toda la humanidad. Para Wilhelm, la Ciencia era y es un ejercicio para el bien de todos y todas.

No es para menos que, en reconocimiento de la labor científica de nuestro homenajeado, la unidad que se emplea para medir la exposición a la radiación lleva su nombre, al igual que el roentgenio, el elemento químico de número 111, que también rinde honor a todo un magnífico y altamente altruista científico.

2 DE ABRIL DE 1872. MUERE SAMUEL MORSE, DIBUJANTE, PINTOR E INVESTIGADOR, INVENTOR DEL TELÉGRAFO ELÉCTRICO Y DEL CÓDIGO MORSE

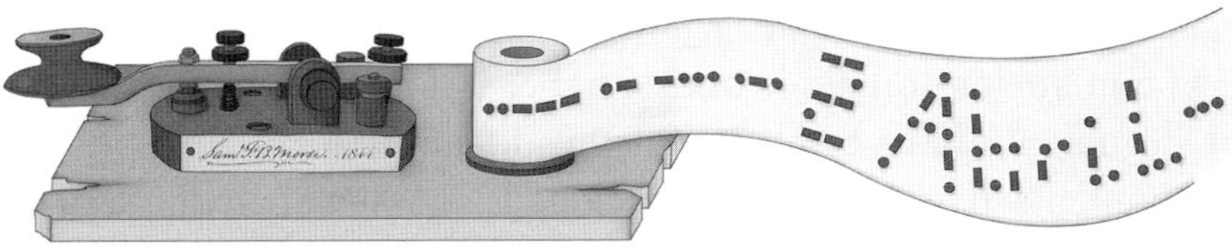

. -. /.... -.- /. -. -.-..- -...- /.....- -....-...-.-.. -- ---... / -....-.. / -.-. -.... --. --- / --.-..-. /.-.....- ---.-....- -.-... --- -. /.-...- / -.-. --- --..- -... -.-..- -.-... -. /..... -. /.......-.. ---....-.-. ¡Vaya, perdona! Estaba ensimismado jugando con un telégrafo y no me he dado cuenta de que he puesto directamente el código aquí. Nada, se lo traduzco, decía que en esta entrada hablaremos de una efeméride relacionada con la vida del inventor de este famoso código. Hablo de Samuel Morse, inventor y pintor estadounidense que patentó esta primera forma de comunicarnos de forma casi instantánea.

Nacido en Boston el 27 de abril de 1791, desde pequeño —¿adivina?— manifestó innatas aptitudes para una multitud de disciplinas (las mentes inquietas, el inventado y llamado por un servidor gen del hombre del Renacimiento). Así, una vez completada la formación básica, ingresó en el Yale College, formándose en Filosofía religiosa, Matemática, electricidad y Veterinaria equina. ¡Variopinta sí que fue su formación! Además, para pagarse los estudios y tener unos dinerillos para subsistir, que nunca vienen mal a nadie, se dedicó en ese tiempo universitario a la pintura, concretamente al retrato, vendiendo sus bocetos. Esta etapa de estudios superiores termina en 1810, graduándose con honores *Phi Beta Kappa (sí, lo acabas de pensar ahora mismo, nuestro homenajeado era de esos que se encierra en un colegio mayor a hacer cosas de universitarios en colegios mayores, saque sus propias reflexiones que alguna* ideílla *seguro que tiene).*

Su amor por la pintura no solo le dejó la cartera a flote, sino que encima le ayudó a conseguir trabajo como editor en su ciudad de nacimiento. Además, no parecía que lo hiciera mal y decidió estudiar por un tiempo dibujo en Londres. De esta forma, pasó a especializarse y ser reconocido por ser pintor de escenas históricas, convirtiéndose en un afamado retratista en todo Estados Unidos, y en el primer presidente de la Asociación Nacional de Dibujo, asociación fundada en 1826 *(por lo que lee, manco no parecía el muchacho).*

Si esta afición-trabajo le podría haber traído pingües beneficios, el que llegue a un libro como este, dedicado a la Ciencia, se debe a que los fenómenos basados en la electricidad le obsesionaban desde su etapa universitaria (otro al que le gustaba jugar a dar *calambrazos* a la gente) y quería dejar su impronta para la posteridad. Con todo, se dio el típico garbeo por Europa, y de vuelta a Nueva York —una vez casado y con cuatro churumbeles se mudó a la Gran Manzana, que para eso era *Phi Beta Kappa,* jejeje—, en 1832, materializó todo ese runrún de su cabeza en un primer modelo de telégrafo. Además, durante este viaje se especializó en electricidad, dándose cuenta de que cuando se interrumpía un circuito se producía un brillito *(brillito = llama que quema mucho y hace mucha pupa),* un hecho este de las interrupciones que pensó podría utilizarse como medio de comunicación.

Con estos antecedentes, a la edad de 41 años, toma la decisión de su vida: dejar la pintura y centrarse en cuerpo y alma en esos experimentos científicos que nadie a su alrededor veía rentables *(vamos, pensarían que qué hacía el vecino pintor jugando con cables eléctricos...).* Con todo, con mucho tesón y no menos tozudez, logró perfeccionar en 1840 su famosísimo código de puntos y rayas que conocemos mundialmente como *código Morse.*

Ahora faltaba convencer a los que manejan la pasta para que invirtieran en su sistema de comunicación, que al principio no las tenía todas consigo *(normal, el romanticismo del sistema de comunicación por carta, que llegaban cuando al cartero de turno le daba la gana repartir estas misivas).* Sí, nuestro Samuel Morse intentaba cambiar, en primer lugar, las mentes de sus congéneres y, para ello necesitaba que su sistema se estableciera a partir de tender largas líneas telegráficas. Sus dos primeros intentos fueron sonoros fracasos, pero como *el que espera no desespera,* se puso a tocar todas las puertas administrativas que encontró (daría mucho la tabarra con «ya verás que pedazo de invento», «esto va a ser una revolución para la nación», «va a cambiar nuestra forma de comunicarnos» o «anda, si son cuatro cables de *na*»).

Morse, su telégrafo y su código universal (ah, ¿qué no sabes que está diciendo?, habla sobre su montón de bonitas medallas y que tiene que coger pronto cita con el barbero, para que veas que tengo el C1 en código Morse también).

La cuestión es que tuvo que estar bastante machacón hasta que le hicieron caso, y así consiguió financiación —30.000 dólares de la época, que no es calderilla precisamente— para montar la primera línea telegráfica —entre Baltimore y Washington— y pasar a los libros de Historia con el primer mensaje telegráfico —una cita bíblica «What hath God wrought», traducido en «Lo que Dios ha creado», el 24 de mayo de 1844 *(a ver, yo hubiera mandado algo parecido «olé el titi» o «pa chulo, yo»)*—.

Un invento que revolucionó nuestra forma de comunicarnos, cada vez más inmediata. Con el telégrafo, la transmisión se volvió casi automática. Sin embargo, desde la invención del teléfono, el *código Morse* ha ido cayendo en desuso, si bien es cierto que radioaficionados y militares lo siguen utilizando en determinados momentos, con combinaciones tan conocidas como el famoso el SOS (... --- ...), muy común en pedidas de auxilio. Una combinación que espero no la utilice como salvavidas ahora mismo y siga leyendo, que todavía quedan sorpresas altamente científicas en este libro.

LA SEMANA DEL COSMOS

¡Qué mejor que enlazar unas cuantas efemérides bajo la temática del Cosmos! Y es que no sé tú, querido lector, pero yo, como buen representante del género *Homo sapiens,* inquieto a más no poder y ávido del conocimiento, el descubrir cosillas sobre el Universo siempre ha espoleado mi imaginación, y no te digo *na* sobre el interés suscitado durante siglos por otros congéneres que han dedicado a la Ciencia más astronómica su tiempo, sus esfuerzos y sus investigaciones, con sus postulados, sus descubrimientos, su mejor comprensión del vasto e inmenso Cosmos...

En fin... retomando, que tiendo a la dispersión, da la casualidad de que, en nuestro repaso por estas efemérides en un año escolar, la segunda semana de abril es la que más eventos cosmológicos acumula, así que nada mejor que un segundo especial dedicado a la rama de la Ciencia cuyo objeto es mirar hacia las estrellas (para estudiarlas, claro está). Este es un viaje hacia el Cosmos muy rápido, así que abróchese el cinturón, que la nave espacial despega en *three, two, one, zero, ignition...*

Primera parada del viaje

Soleada y primaveral mañana del 11 de abril de 1970.

Hecho. Desde Cabo Cañaveral, en Estados Unidos, la NASA sigue con su programa Apolo de exploración espacial, y lanza el Apolo 13 *(ya tendrían que haber visto que con ese número las cosas seguro que no iban a ir bien...).* Constituía la séptima misión tripulada del programa aeroespacial y la tercera destinada a aterrizar en la Luna y...

Suceso. ... por poco no lo cuentan, porque la cosa se puso regular tirando a muy mal. Tras dos días de misión, y en el momento de iniciar la maniobra de alunizaje, explotó un tanque de oxígeno del módulo de servicio. ¡Vaya susto que se pegaron los tres tripulantes de la nave! Y es que estaban haciendo una rutina de chequeo del oxígeno líquido de uno de los tanques cuando ocurrió la ignición accidental de un cable *(el típico cable pelao)*, lo que provocó un cortocircuito que hizo que empezara a escaparse el oxígeno al vacío. ¡Madre mía! Sin oxígeno en un tanque y tirando del segundo, avisaron del problema —sí, aquí ya aparece la famosísima expresión *Houston, we have a problem here*, y porque eran americanos, que si son españoles el léxico no sería tan versado ni tan elegante— y desde la Tierra se pusieron manos a la obra para traer sanos y salvos a los astronautas, que tampoco era *moco de pavo*, ya que en el momento del accidente se encontraban a 330.000 kilómetros de nuestro planeta *(vamos, lo que se dice ahí al lado no estaban)*.

Por suerte, la pericia de estos intrépidos astronautas fue de gran ayuda ya que, además de notificar el suceso y desconectar el tanque vacío, idearon la solución de montarse en el módulo lunar —que ya no iba a servir de nada porque la misión de alunizaje estaba abortada— y usarlo como bote salvavidas, en vista de que tenía baterías y tanques de oxígeno. Así que se montaron en el módulo, iniciaron la circunnavegación de la Luna y tiraron para *casita*. Además de lidiar con muchas problemáticas como la cantidad de oxígeno en cabina para tres personas y la cantidad de dióxido de carbono de las exhalaciones, que tenía que ser correctamente absorbida —fabricaron en plan *Bricomanía* apaños para eliminar el exceso de este gas en cabina—, se hicieron maravillosas adaptaciones para que tanto el agua disponible en el módulo como la energía eléctrica se optimizara para al menos intentar llegar con garantías de iniciar una posible reentrada en el planeta, una acción que realizaron bajo mínimos, casi sin energía eléctrica y soportando temperaturas en el interior de la nave de solo 3 °C. En fin... una odisea digna de un buen *blockbuster*, así que, si quieres saber más, ve la película, que si no me enrollo y no avanzamos en el libro.

Conclusión. Si algo puede salir mal, saldrá, eso ya se sabe por una conocida *ley de Murphy*, pero en este caso, los chequeos instrumentales tienen que estar, si puede ser, más chequeados que nunca, que después los sustos te pillan en mitad del espacio y para qué quieres más.

La verdad oculta del problema del Apolo 13.

Segunda parada del viaje

Fría y lúgubre tarde del 12 de abril de 1633.

Hecho. La Inquisición acusa a Galileo Galilei de herejía, después de un proceso judicial de tres intensos días donde la Santa Madre Iglesia le espeta a Galileo su postura sobre el orden del Universo y su acercamiento a los herejes planteamientos de Copérnico y su teoría heliocéntrica *(si es que Galileo,* pishita, *mira que meterte con la Iglesia...).*

Suceso. Y esto viene porque el gran Galileo, en su afán por el descubrimiento y seguir con su idea de hacer de la Ciencia un instrumento para el avance de la humanidad *(suena a épico, pero este señor es uno de los grandes científicos que pusieron la Ciencia en ese pedestal que está ahora mismo),* publica el 21 de febrero de 1632 en Florencia la obra *Diálogo sobre los dos máximos sistemas del mundo,* donde se burla sin pudor del sistema geocéntrico de Ptolomeo, sistema impuesto como dogmático a la hora de entender esa idea de los cielos perfectos *(¿te haces una idea de dónde viene esta concepción, no? Empieza por gri- y termina por -egos),* con la Tierra inmóvil en el centro del Universo.

Esta idea de un Universo perfecto en su concepción, a la luz de las observaciones y mediciones de las lunas de Júpiter y de tantas otras realizadas por Galileo a partir de los telescopios que él fabricaba, sonaba a cuento chino, y encima estaba el precedente de Nicolás Copérnico. Con todas, encima tenía *aviso papal,* ya que en 1616 fue convocado por el Santo Oficio para recordarle que esas ideas heliocéntricas eran «una insensatez, un absurdo en filosofía y formalmente heréticas» *(vamos, en plan o te dejas de ideas alternativas o te damos un par de vueltas en esta barbacoa tan chula que tenemos aquí instalada).*

Pero nuestro Galileo no se achantaba a la primera de cambio, y además le respaldaba, como he comentado antes, toda una serie de correctas mediciones. Así que nos situamos en el momento en el que este libro es publicado, que para más bemoles lo hace con el respaldo del papa Urbano VIII y el gran duque de Toscana, Fernando II de Médici. Te puedes imaginar cuál fue la repercusión: el libro tenía todo para ser una bomba, porque era claramente *follower* de las ideas de Copérnico, con lo cual era revolucionario; pero encima era un verdadero escándalo ya que, aparte de ridiculizar la sentencia del 1616, versaba sobre el diálogo que mantienen una serie de personajes, de los cuales uno, Simplicio, quería recordar a las maneras del Santo Padre *¡Ya la hemos liado, con la Iglesia hemos topado!* Encima, para seguir tocando las *sotanas,* esta obra la escribe en lengua vulgar, en lugar del culto latín, propio de los hombres de Ciencia, con lo que consigue más ojeriza de los de la fervorosa Iglesia —que, dicho sea de paso, no les gustaba que las obras pasaran directamente a la gente de la calle, los denominados incultos por la gracia de sus santas santidades—.

Con todo, la Inquisición, que tenía unas ganas locas de verlo arder, inicia un proceso contra Galileo bastante irregular, ya que se le requiere en Roma por introducir doctrinas heréticas en su obra, cuando ya había pasado el filtro de los censores... La cuestión es que un Galileo enfermo y agotado, 68 años a sus espaldas, se presenta en Roma para declarar, durante tres largos días agotadores para nuestro científico, *que si dijiste esto o lo otro, que si Ptolomeo mola más que Copérnico, que si esas mediciones tampoco están tan bien medidas, etc.* Tres días donde se amenaza con tortura, pero sin ningún fundamento realmente.

Al final la cosa se quedó en tablas: ni a Galileo le dieron un par de vueltas en la parrilla ni nuestro científico se fue de rositas. La sentencia se dictó en tres partes, a saber: fue encontrado «vehementemente sospechoso de herejía» por eso de sostener un sistema planetario contrario a lo establecido en las Sagradas Escrituras, de lo cual se le exigió que «abjurara, maldijera y detestara» tales afirmaciones, cosa que Galileo hizo con la boca pequeña, por si acaso; fue sentenciado a encarcelamiento por la Inquisición, condena que fue conmutada a arresto domiciliario de por vida; por último, su *Diálogo* fue prohibido, al igual que la publicación de cualquiera de sus obras, incluidas las que pudiera escribir en el futuro.

Para finalizar, dos apuntes. La frase famosa que se le atribuye al abjurar de sus afirmaciones, el «Y sin embargo se mueve» *(Eppur si muove),* en referencia a la Tierra, pues no tiene sostén, parte de la típica leyenda urbana, no tiene sentido que con la que le estaba cayendo en el juicio encima se pusiera chulo. Parece ser que fue acuñada con la revisión histórica de su caso y como reivindicación de que, evidentemente, las medidas realizadas del Cosmos por parte de Galileo eran correctísimas y confirmaban la teoría revolucionaria del heliocentrismo. La segunda, a la vista de las pruebas irrefutables presentadas en contra del sistema dogmático aceptado por la Iglesia, ¿cuándo aceptó esta que lo mismo se había pasado un *pelín* con nuestro científico? Pues solo tardaron en reconocerlo unos 376 años, durante una misa celebrada en honor de Galileo el 15 de febrero de 2009 (*un* poquillo *de rencor veo yo para tardar tanto tiempo, en fin, las típicas cosas que se achacan al «diálogo» entre Ciencia y fe...*).

Conclusión. Galileo, olé tú y tus c... correctas mediciones estelares *(no pienses mal, querido lector)*. Eso es valor y lo demás tonterías, jugártela con la Santa Inquisición, pero que un poco más y te quemas, que quien juega con fuego...

FUENTE: Esta imagen (fotografía superior) proviene de Wellcome Images, un sitio web operado por Wellcome Trust, una fundación benéfica global con sede en el Reino Unido.

Galileo y sus cosillas con la Santa Inquisición (¡que te la juegas!).

Tercera parada del viaje

12 de abril de 1961, un día gélido, seguramente de esos en los que el grajo vuela bajo, en tierras de la Madre Rusia.

Hecho. El cosmonauta soviético Yuri Gagarin realiza un vuelo a bordo de la nave Vostok 1 y se convierte así en el primer hombre lanzado al espacio exterior...

Suceso. ... tal como lees, en la Guerra Fría que se estableció entre las dos grandes potencias de nuestro querido terruño, después de la Segunda Guerra Mundial, americanos y rusos estaban a ver quién pegaba más fuerte *(no me malinterprete ni lea tan literal, querido lector):* que tú tienes una bomba atómica que arrasa Hiroshima, yo creo una que puede arrasar todo un país entero; que tú tienes misiles grandes, yo más grandes y potentes; que tú te quieres convertir en potencia espacial y marcar un *perfect* en eso de ser la potencia mundial, pues yo te adelanto con tecnología desfasada, que da más coraje, y mando al primer ser humano al espacio.

Porque sí, eso de ser potencia mundial tiene que ser muy duro, sobre todo si tienes que ser siempre el primero en todo, y ves que otro viene por detrás y te gana en un duelo. Así que, en este 12 de abril de 1961, la noticia de que un soviético se había dado un *garbeo* por el espacio caería en la Casa Blanca como jarro de agua fría, y al presidente Kennedy le sentaría como una patada en sus *eggs presidenciales.*

¿Y quién era este intrépido aventurero? Pues nuestro Yuri tenía todo para hacer de su historia un peliculón de los buenos: sus progenitores trabajaban en una granja, y como cualquier soviético de la época, sufrió los estragos de la ocupación de las tropas nazis durante el transcurso de la Segunda Guerra Mundial (incluso, los dos hermanos mayores fueron deportados como esclavos a Polonia y no volvieron hasta el final del conflicto). Con todo, además de ayudar en la granja, Yuri empezó estudios básicos, que compaginaba con el curro. Al acabar secundaria, empezó a trabajar en una fundición de acero y, como tenía mano para el bricolaje, fue seleccionado para entrar en la Escuela de Técnica Industrial de Sarátov, donde estudió sobre los tractores y donde comienza su coqueteo con la Aeronáutica, recibiendo instrucciones para pilotar un biplano y un Yak-18. Además, al mismo tiempo, se ganaba un sobresueldo como trabajador de muelle en el río Volga *(¿a qué tengo razón en eso de que su vida es de película?)*.

Con estos precedentes, en 1955 ingresa en la Primera Escuela Superior de Pilotos de la Fuerza Aérea Chkálovski, donde sigue con su instrucción y se gradúa en el entrenamiento con el caza de reacción soviet MiG-15. Entre ascensos varios y con la pasión de volar ya en sus venas más que interiorizada, Yuri se empieza a interesar por la exploración espacial después de ver el lanzamiento de la sonda espacial Luna 3 (por el nombre verás que fue la tercera sonda lanzada al espacio por los rusos y tiene como gran hito haber realizado las primeras instantáneas de la cara oculta de nuestro satélite). Con esta experiencia más que demostrada, es recomendado por su teniente general para el Programa Espacial de la Unión Soviética en 1959.

Yuri, a tope de energía, con más horas de vuelo que cualquiera de sus compatriotas, se somete a las pruebas físicas y psicológicas de la Comisión Médica Central de Vuelo, y las pasa sin problemas. Pensarás «¡qué novedad!» pero es que estas pruebas Yuri las pasó ¡por bajito! Tal y como lees, en la selección de los pilotos, aparte de que la edad de estos tenía que estar entre los 25 y 30 años, los candidatos seleccionados debían tener una masa inferior a 72 kilogramos y no ser más altos de 1,70 metros para poder caber dentro de la nave espacial *(así se las gastaban los ingenieros rusos, una vez hecho un modelo, no iban a cambiar las medidas)*. Por suerte, nuestro Gagarin solo medía 1,57 metros de altura.

El 15 de marzo de 1960, los 20 candidatos seleccionados empiezan un régimen de exigentes entrenamientos que más quisiera un atleta para una olimpiada. El tiempo va pasando y llega el día de elegir al primer candidato para volar y, cual juego de *piedra, papel, tijeras,* casi por unanimidad se elige a Yuri Gagarin para ser el primer hombre en probar esa mininave espacial. De esta forma, se ordenan seis pilotos-cosmonautas para el programa Vostok —así se llamaban estas simpáticas carcasas voladoras— y estos seleccionados reciben un entrenamiento si cabe más duro, y encima un cursillo acelerado de naves espaciales ¡por correspondencia! *(Viva la Dorogaya Madre Rusia y sus chapucillas...)*.

El 12 de abril de 1961, a las 6:07 de la mañana y desde el Cosmódromo de Baikonur, situado en un *secarral* en mitad de Kazajistán, despega el Vostok-1 con Yuri Gagarin a bordo, el primer ser humano en viajar al espacio *(brindemos con vodka por tal hazaña y así entramos en calor, que las horitas de lanzamiento...)*. En la transmisión de despedida de Yuri se escucha un *¡Poyéjali!* (¡Vamos!), un saludo usado después como propaganda por los comunistas para referirse a sus grandes hazañas en la era espacial (entre tú y yo, querido lector, seguro que aparte de la heroica arenga sonaría también el típico *peillo del acojone más grande*).

¿Y el vuelo? Todo comodidades y facilidades. Yuri solo tenía que seguir vivo *(a ver, que los rusos ya venían de la pobrecita perra Laika y su canción de Mecano)*, registrar las sensaciones en el paseo espacial —sobre todo las de ingravidez— y probar un poco de comida. Y nada más. El vuelo, que duró 108 minutos en total, se planteó de partida como un vuelo automático, ya que Yuri estaba dentro de una nave espacial con menos detalles que un 600: un botón de radio, un panel de control bloqueado —aunque había un sobre con el código para pasar a «vuelo» manual— y un botón de eyección, fundamental para no estrellarse al volver a la Tierra. ¿Exagero con eso de meterme con la ingeniería rusa de la época? Ni mucho menos ya que, a las dimensiones y detalles de la nave se unía el hecho de que hasta pasados 25 minutos del lanzamiento no supieron si habían puesto a Gagarin en órbita o no; en la reentrada a la atmósfera apareció la famosa chapuza rusa del remache mal remachado, ya que el sistema de suelta de la cápsula no iba y se temía que Gagarin muriera achicharrado *(ains, otra vez, lo siento, pobrecilla Laika)*. Por suerte para nuestro arrojado aventurero, después de 10 maravillosos minutos dando vueltas sin control dentro de la cápsula como calzoncillo en una lavadora centrifugando a tope, el calor de la reentrada debilitó el sistema de anclaje y se liberó la cápsula ¡Ole Yuri, sano y salvo de vuelta a la Madre Rusia!

A pesar de todos estos problemas, a 7.000 metros Yuri se desprende de la cápsula sin problemas y aterriza en paracaídas a más de 100 kilómetros del objetivo, cayendo al lado de una granja donde una anciana y su nieta le reciben con ojos como platos, preguntando con miedo «¿vienes del espacio?», a lo que Yuri dijo, en modo propagandístico: «Ciertamente sí, pero no se alarme, soy soviético» *(a ver, un poco a* trola *suena, yo después de tantos inconvenientes hubiera pedido a la amable anciana un paracetamol o algo para el mareo)*. ¿Y a partir de este éxito? La Madre Rusia usó a Gagarin como cromo para exponer todo lo *so-*

viets y chulos que eran, promocionándolo cual estrella de rock con viajes por todo el mundo ¿Por todo, todo? Pues no, el presidente Kennedy le negó la entrada a los Estados Unidos, pero ya tenía su venganza preparada con las misiones Apolo.

Conclusión. Olé los rusos que, con tecnología limitada, pero con un arrojo y valor no ponderables *(esta visto que el vodka hace milagros)*, pusieron al primer hombre en órbita, así le pese a algún americano que otro...

Un cromo sí que pareces, Yuri, pero sobre todo eres el primer ser humano que abandona la Tierra y se pone en órbita.

Cuarta parada del viaje

12 de abril de 1981, un día más en la oficina de la NASA y sus vuelos tripulados.

Hecho. Se lanza al espacio, a las 6:00 de la mañana *(habría que hacerse mirar la hora de los lanzamientos espaciales, ahí lo dejo escrito...)*, el primer transbordador espacial, el Columbia, desde el muy conocido Cabo Cañaveral en el estado de Florida...

Suceso. ...otro cohete más al espacio ¡Vaya novedad! Pues no, este no es el típico cohete lanzado al espacio, ya que el Columbia tiene una categoría de *transbordador* y presenta características únicas con respecto a otras naves espaciales. La primera y fundamental es que este ingenio tecnológico puede ser reutilizado, no como otros cohetes, que de ellos solo queda la cápsula de aterrizaje. La segunda, y no menos fundamental, es que tiene una triple funcionalidad. De esta forma, despega como un cohete, con sus buenos tanques llenos de hidrógeno y oxígeno líquidos. Este tanque externo, aparte de ser fundamental para el despegue, al ser la pieza más grande, hace de soporte y columna del transbordador durante el lanzamiento. Después, orbita como cualquier nave espacial, una vez desprendidos los tanques desechables, pudiendo desplazarse por el espacio sin problemas de «sobrepeso». Por último, esta configuración de nave espacial le permite aterrizar cual avión sin problemas, con su tren de aterrizaje, sus alas modulables y sus *ruedines*.

El lanzamiento de este transbordador supuso un antes y un después en esto de darnos la *típica vuelta* por el espacio, ya que, por un lado, permitía realizar acciones de transporte (casi todas encaminadas a llevar material de investigación y viandas envasadas a la Estación Espacial Internacional) y, por otro, permitía abaratar costes de las misiones tripuladas, gracias a la reutilización de todo el «armazón» de la nave.

Sin embargo, como no es oro todo lo que reluce, y viniendo del suceso contado páginas atrás del Apolo 13, los transbordadores no están exentos de pasar exhaustivos controles de vuelo ni tampoco ser objeto de alguna fatal desgracia. Así, después de 26 exitosas misiones espaciales, el 1 de febrero de 2003, en su reentrada en la atmósfera, el Columbia explotó en mil pedazos, no quedando ni el más pequeño microchip que reutilizar, aparte de que, desgraciadamente, fallecieron los siete astronautas que tripulaban ese día la aeronave. En la investigación posterior, se concluyó que durante el despegue se produjo un pequeño impacto sobre un ala, concretamente un trozo de aislamiento de espuma del tanque externo. Este nimio impacto hizo que a la vuelta, y al atravesar la atmósfera, los gases calientes entraran dentro de la estructura interna, rompiendo desde dentro el ala y haciendo imposible estabilizar la aeronave.

Conclusión. Los transbordadores molan, te llevan al espacio y te traen de vuelta de una pieza, siempre que no se suelte ninguna de estas por el camino. Y sí, esto es una pulla para que se pongan, los inteligentes que mandan en esto de lanzar cohetes, a realizar más controles de seguridad.

La innovación llega a la NASA, ¡vivan los transbordadores!

16 de abril de 1958. Muere Rosalind Franklin, química británica que descubrió la estructura del ADN

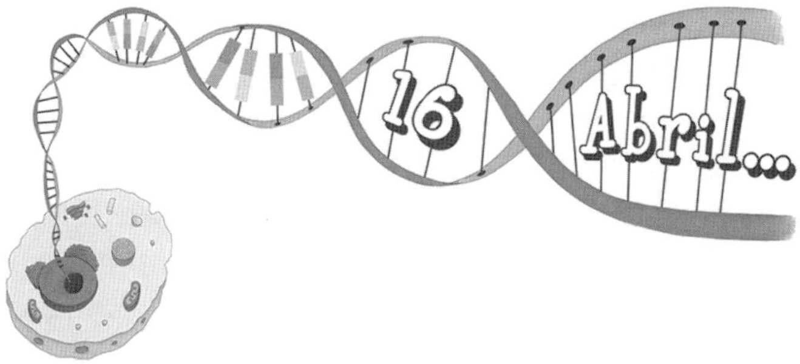

Dejamos el espacio exterior y nos vamos al espacio interior en esta efeméride, concretamente al espacio interior del núcleo de las células, porque voy a hablarte del ácido desoxirribonucleico o ADN *(este nombre sí que lo conoces, eh, que casi puedo verte diciendo «uy, uy, eso suena a una molécula química de esas»)*. Sí, el ADN es el responsable de toda la información genética de nuestro cuerpo, la gran enciclopedia donde se encuentra escrita cada una de nuestras características, sean visibles o no, y que hablan, por ejemplo, del color de pelo que tienes, la morfología de tus orejas, el porqué de tu estatura o el número de zapato que calzas. No exagero ni una *miaja:* en el ADN se encuentra *todita* toda la información de usted, querido ser pluricelular que se encuentra leyendo este libro.

Esta efeméride honra, para más inri, una gran injusticia, de las más sonadas de la historia de la Ciencia. Porque el 16 de abril de 1958 muere, tras un agresivo episodio de cáncer de ovario, Rosalind Franklin, la química británica que dio con la clave en eso de entender la estructura del ADN. ¿Por qué hablo de injusticia? Pues por lo típico de que, en vida, sus reconocimientos no fueron los debidos (*y no hago más* spoiler, *que sé, querido lector, que te da coraje*) y después de su muerte, todo fueron loas, alabanzas y premios por una vida dedicada en cuerpo y alma, literalmente, a la Ciencia.

Hagamos un repaso rápido por su vida, para que entienda esta injusticia. Rosalind Elsie Franklin nace en 1920 en Londres, dentro del seno de una familia judía dedicada, durante generaciones, al negocio de la banca. Desde temprana edad, Rosalind demostró tener unas habilidades escolares impresionantes, un hecho que hizo que sus padres le ofrecieran la mejor educación posible. Así, a los nueve años ingresa en la Escuela St. Paul's, uno de los pocos colegios para niñas en Londres en el que se enseñaba Física y Química. Nuestra Rosalind aprovecha la oportunidad para destacar de forma sobresaliente en Ciencias, en latín, en deporte y en idioma, hablando con fluidez alemán y francés. Con multitud de distinciones, en 1938 empieza su etapa universitaria y gana una beca de 30 libras esterlinas que decide ceder, vía petición paterna, a un estudiante refugiado que lo mereciera *(Ains... si es que hay que quererte Rosalind, olé tú).*

FUENTE: MRC Laboratorio de Biología Molecular (izquierda) e imagen tomada por Rosalind Franklin, Maria Evagorou, Sibel Erduran y Terhi Mäntylä (derecha), ambas para Wikimedia Commons.

Rosalind Franklin y el *pelotazo* científico de la famosa Fotografía 51.

Ya en la universidad, Rosalind asiste al Newnham College, un centro universitario para mujeres en Cambridge, estudiando Química y empezando a interesarse por la Espectroscopía, la Ciencia que estudia la interacción entre la energía y la materia, y que permite dilucidar estructuras. En 1941 termina sus exámenes finales universitarios y logra Honores de Segunda Clase, una distinción parecida a un título de Licenciatura en aptitudes para el empleo *(sí, suena a muy machista, pero en esa época el acceso de la mujer al empleo posuniversitario era casi anecdótico. Para tu tranquilidad, que sepas que en 1947 Cambridge comenzó a enmendar este agravio, empezando a otorgar títulos de licenciatura, una acción retroactiva que benefició, con todas las de la ley, a nuestra homenajeada).*

En 1942 gana una beca de investigación para trabajar en el laboratorio de Fisicoquímica de Cambridge, pero llega la Segunda Guerra Mundial al Reino Unido y la vida de todo el mundo cambia. La propia Franklin empieza a trabajar como asistente en la Asociación Británica para la Investigación del Uso del Carbón, una acción destinada a mantener el nivel militar de la nación. En este tiempo, además, se alista voluntaria como guardiana de ataques aéreos, organizando patrullas para asegurar el bienestar de sus paisanos durante estos trances. Durante este tiempo, su trabajo dedicado a estudiar la porosidad del carbón le permite clasificar carbones y así ver los posibles usos como combustibles o en la producción de ingenios como filtros para máscaras de gas, un estudio que materializa en su tesis, obteniendo el grado de doctor en 1945.

Una vez acabada la guerra, y buscando un hueco dentro de la investigación científica, empieza a trabajar en el equipo de cristalografía de rayos X del profesor Jacques Mering en París, un empleo que le sirvió para entender el uso de la técnica en el análisis de una gran variedad de muestras, además de que todo este trabajo se convirtió en la base del campo de la Física y Química del carbón. De vuelta en Londres, en 1950 Rosalind aterriza en el King's College para disfrutar de una beca de tres años y ahí, gracias a su experiencia en rayos X, su jefe la redirige al estudio en fibras de ADN, la investigación top del momento.

Y es este momento donde la cosa se empieza a torcer, con respecto al reconocimiento ulterior de su importante aportación en el descubrimiento de la estructura del ADN. Otro equipo de investigadores, liderados por Maurice Wilkins, estaba en la senda de obtener una imagen del ADN por difracción. Esto espoleó a todo el equipo del laboratorio a centrar sus esfuerzos en dilucidar esta desconocida estructura, liderados, debido a su experiencia, por Rosalind. Y empezaron a saltar chispas: Rosalind, capaz, experta en la técnica, era directa en su forma de hablar y dirigirse a sus compis de laboratorio; mientras que Wilkins, el otro «jefe» encargado, era tímido y le ponía nervioso que Rosalind mirara directamente a los ojos... En fin, con todo, Franklin, junto con su estudiante de doctorado, Raymond Gosling, fueron capaces de discernir dos formas de ADN, que dependían del grado de humedad de la muestra: si había una alta humedad, la fibra de ADN se disponía en una configuración larga y delgada; mientras que con poca humedad o en muestras secas, la fibra era corta y ancha. Franklin *y colaboradores* las nombraron ADN A y ADN B *(lo del marketing del nombre había que hacérselo mirar...).*

El laboratorio centró sus esfuerzos en dilucidar la estructura de las dos formas de ADN que, si bien en un primer momento parecían partir de estructuras sin un patrón claro, los posteriores análisis por difracción de rayos X, gracias a la pericia de Rosalind, mostraron que ambas muestras deberían estar formadas por dos hélices. El *pelotazo* mundial fue una de estas muestras fotográficas, la inmortal Fotografía 51, tomada en 1952, que mostraba claramente esa estructura helicoidal. Así, en 1953, sendos artículos de Franklin y Gosling en la revista *Nature* fueron las primeras publicaciones de esta imagen del ADN.

Sin embargo, Wilkins se tomó la venganza de la superioridad de Rosalind. Así, a espaldas de ella, mostró la imagen a James Watson *(no, no es el compañero del detective Sherlock Holmes, así que no se disperse y siga leyendo),* investigador del Laboratorio Cavendish, también de la Universidad de Cambrigde, que junto a su compañero Francis Crick igualmente andaban detrás de encontrar un modelo molecular del ADN. Además, tenían también la ayuda de las pruebas químicas de otros colegas de la profesión. En un artículo publicado en *Nature* el 25 de abril de 1953 cambiaron el panorama de la Ciencia: mostraron al mundo que el ADN tenía una estructura de doble hélice y con una nota al pie recalcaban que «se habían sentido estimulados por las contribuciones no publicadas de Franklin y Wilkins». *Tiene bemoles la cosa...* La verdad es que esa simple nota cambió la historia de nuestra homenajeada, que en cierta forma sintió que la habían desplazado de tan magno descubrimiento.

Con ello, en 1954 abandona el King's College para irse al Birkbeck College, una institución más modesta y sin tantos egos. En esta institución empieza con investigaciones del otro ácido nucleico, el ARN, además de radiografiar la estructura del virus del mosaico del tabaco. En 1956, en un viaje de trabajo a Estados Unidos, donde visita la Universidad de Berkeley y donde investiga el virus de la polio, nota que algo malo le pasa a su organismo. Rosalind no era tonta y sabía que la cosa venía por derecho, así que decide aprovechar sus últimos alientos científicos para terminar trabajos. El 16 de abril de 1958, con un cuadro de bronconeumonía, carcinomatosis y cáncer terminal de ovario, Rosalind Franklin muere a la edad de 37 años. Su exposición repetida a la radiación, durante sus incesantes sesiones de rayos X, fue la causante de tan temprana muerte. ¿Y el Premio Nobel? Para más escarnio de su nombre —que con el paso del tiempo y la revisión historicista hizo que se pusieran los puntos sobre las íes— fue silenciada en la concesión del Nobel en Medicina a Watson, Crick y Wilkins *(vaya telita, jurado del Nobel)* en 1962 por «por sus descubrimientos sobre la estructura molecular de los ácidos nucleicos y su importancia para la transferencia de información en la materia viva». Y es que estos premios no son concedidos a título póstumo.

23 DE ABRIL DE 1858. NACE MAX PLANCK, PADRE DE LA FÍSICA CUÁNTICA

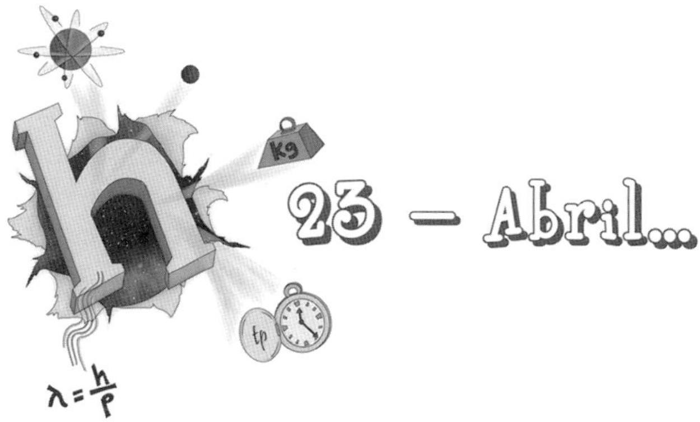

Lo peor que le puede sentar a un ser humano que le gusta el pensamiento científico, se interesa por la naturaleza de las cosas y por seguir descubriendo los misterios de nuestro vastísimo Universo, es que le digan que no hay *na que hacer*, que ya está todo *inventao*. ¡Acabáramos! La Ciencia es una maravillosa herramienta en evolución constante, así que de *inventao* nada, más bien está todo por descubrir. Pues esto mismo que te cuento y lees, le ocurrió a Max Planck cuando, buscando orientación académica, le preguntó al profesor de Física Philipp von Jolly, respondiendo este que en Física Elemental todo estaba ya descubierto y quedaban pocos huecos por rellenar (todo esto dicho en un correctísimo alemán tela de serio: *In der Physik war das Wesentliche bereits entdeckt*). Con esta orientación, Max decidió no solo estudiar Física, sino que encima se sacó de la manga una disciplina completa, la Física Cuántica, revolucionando toda la Ciencia *(¿Ahora qué, Von Jolly? ¿Qué es lo que estaba ya totalmente descubierto, que no te he escuchado bien?)*.

Max Karl Ernst Ludwig Planck *(está visto que lo del nombre inicialmente no lo tenían muy claro sus progenitores)* nació el 23 de abril de 1858 en la ciudad alemana de Kiel, dentro de una familia tela de estudiosa y forofa del academicismo: su bisabuelo y su abuelo profesores de Teología, su padre profesor de Derecho y su tío jurista y uno de los creadores del Código civil alemán. En este ambiente, rodeado de comodidades y de inquietudes, creció nuestro homenajeado, desarrollando aptitudes tanto para la música —tocaba el órgano, el piano y el violonchelo, al parecer con mucho gusto y buen oído—, así como para la Filosofía clásica y las Ciencias en general. Y llegó ese día de *Schulabschluss,* perdona, de la graduación, con la consabida pregunta que antes has leído a su *orientador,* algo desorientado, Von Jolly. Su respuesta denotaba ya el típico brillito de genio científico: no tenía intención de descubrir nuevos mundos, sino de comprender los fundamentos de la Física.

Con esta idea en la cabeza, nuestro homenajeado se matriculó en la Facultad de Física de Múnich en 1874, estando bajo la tutela en este primer año de... ¡Von Jolly! *(sí, el mundo de la Física es pequeñísimo).* En fin, Planck empieza a ser autosuficiente con respecto a sus estudios, encaminándose a la Física Teórica. En segundo año, la cosa parece que mejora, ya que recibe clases de los físicos más top del momento, Von Helmholtz y Kirchorff, unas clases que tendrían que ser aburridísimas y/o densas como la bechamel espesa, quedando la friolera de tres alumnos en el aula. Con todo, una vez acabada la carrera, empieza su doctorado sobre los principios de la Termodinámica, basándose su tesis doctoral en su segundo principio —tema tratado en una de las efemérides del libro y que habla, ya sabes, del desorden del Universo—.

La Termodinámica era un tema top de la época tanto que, con solo 21 años cumplidos, y una vez leída la tesis, se convierte en profesor, siendo apreciadísimo por sus alumnos *(ea, me he venido algo arriba, pero es que decían de él que, si bien era seco y algo impersonal, ni usaba notas ni cometía errores ni se mostraba vacilante).* Durante sus 37 años de profe hizo lo mejor que sabe hacer un profesor: formar las mentes del futuro. Es más, por sus manos pasaron dos Premios Nobel, además de destacados científicos en su disciplina, así que *ojito* con nuestro homenajeado. Pero esta efeméride no rinde homenaje solo a un gran profesor, sino también a un magnífico científico que revolucionó la Física —ahora pensarás, ¿más que Einstein y su Teoría de la Relatividad? Más, mucho más—, sentando las bases de una nueva disciplina, la Cuántica, en competencia directa con la incidencia de la Mecánica Clásica, la Física de Newton, en nuestro día a día *(pensarás, eso sí que es exagerado, pues sigue leyendo...).*

¿Y la base de esta novedosa disciplina? Pues una idea, una brillante aportación de nuestro homenajeado: la energía no es continua, sino que llega a cualquier medio como las colecciones a las papelerías, por fascículos. Estos pequeños paquetes de energía se denominaron *cuan-*

Los pensamientos cuánticos de Max Planck.

tos, y de ahí el nombre de esta disciplina. Este descubrimiento lo realizó en 1900, mientras nuestro homenajeado jugaba con el problema de la *radiación del cuerpo negro (que suena regulero, pero que a grandes rasgos es hablar de la energía que emite un cuerpo opaco y no reflectante, conocida también como radiación térmica)*. El descubrimiento implicaba que la energía del Universo no era un continuo, sino que se absorbía y se emitía en cantidades discretas —lo que antes se ha nombrado como *cuantos*—, proporcionales a la frecuencia de la radiación.

Esto revitalizó la Física del momento, que se encontraba anclada en fenómenos, teorías y leyes que se basaban en que la energía era un fenómeno continuo, y abrió un amplio campo de investigaciones, sobre todo centradas en lo pequeñito, en el fascinante y desconocido átomo —en 1900 sabíamos pocas cosas de él y solo se habían descubierto los electrones—. Para dar más sustento a esta teoría de Planck, la hipótesis cuántica sirvió de base para que el gran Albert Einstein demostrara el *efecto fotoeléctrico,* fenómeno que se produce al irradiar un material con una radiación de una determinada frecuencia que es capaz de desprender electrones, un *pelotazo* de descubrimiento que le sirvió a Einstein para llevarse un Premio Nobel a su casa en 1921 *(pensarás que no ves que sea un efecto tan importante, pero piensa en cómo funcionan las puertas automáticas o cómo se genera electricidad en una placa fotovoltaica y ese pensamiento seguro que cambia).*

Esta ley de la energía de Planck parecía todo bondades, ¿a que sí? Pues... sí, pero no. El mundo se abría al fascinante mundo cuántico, con tantos descubrimientos por hacer con respecto a la materia, la interacción de la energía con la misma o qué *narices* tenía en su interior un átomo, y de repente los científicos, toditos todos, se volvieron indeterministas. Siglos de experimentos de medidas cuantificadas, verificables y estables a la porra porque ahora no se podía saber la posición y velocidad de un electrón a la vez —*principio de incertidumbre de Heisenberg*—, la luz se comportaba como onda o como partícula dependiendo de la situación —*principio de De Broglie*— o si te daba por meter un gato en una caja con veneno y comida, antes de abrir dicha caja el gato se encontraba en un estado doble, o sea, vivo-muerto —*experimento mental de Schrödinger*—. Esta disciplina, con estos fenómenos, hacía que ni su descubridor creyera mucho en ella. ¿Cómo? Comiendo. Tal y como estás leyendo, Planck impulsó una rama de la Física, pero sin mucho convencimiento. Y con ello, si bien la gran corriente científica se maravillaba con todo un mundo físico por descubrir, el gran científico de la época, el gran físico teórico y el *bigotillo* más famoso de toda la comunidad científica, Albert Einstein, se oponía con todas sus fuerzas a un mundo indeterminista, basado en probabilidades y en efectos rarísimos, una oposición que supuso tener charlas interminables con otro gran físico de la época y defensor de la Mecánica Cuántica, Niels Bohr.

Bueno, ¿y esto de la Cuántica? ¿Es un cuento o realmente influye en mi ordinaria vida de *sapiens*? Pues influye, y mucho. La Física Cuántica, entendida, es maravillosa, ya que explica el átomo, el enlace químico, las moléculas, la interacción de la luz con las partículas, la materia, incluso hay compañeros científicos que exponen una teoría donde la conciencia humana podría ser consecuencia de fenómenos cuánticos que se dan en los microtúbulos de las neuronas. Esta nueva disciplina científica supuso un cambio de paradigma, trascendiendo las fronteras de la Ciencia para adentrarse en los senderos más filosóficos, cuestio-

Tarde de Cuántica y chatos de vino entre dos grandes científicos.

nando la propia noción de la realidad, del saber y del conocimiento... *Uy, uy, esto suena a ida de olla filosófica, así que dejo de divagar...*

Aterrizando en lo cotidiano, la Cuántica tiene efectos en nuestro día a día, dado que el desarrollo del láser, la resonancia magnética o la fibra óptica se sustentan en fenómenos de esta disciplina física. Pero también es base del funcionamiento de nuestro sistema GPS, nos da la hora de una forma exactísima con los relojes atómicos, significa pensar en la próxima revolución en el mundo de los ordenadores y nos ayuda en nuestro día a día en los análisis de sólidos con la microscopía de efecto túnel. Y es que, sí, la Cuántica supuso una revolución, aunque esto no le gustara al más insigne de los físicos.

1 DE MAYO DE 1852. NACE SANTIAGO RAMÓN Y CAJAL, MÉDICO ESPAÑOL Y PIONERO DE LA INVESTIGACIÓN DE LA ESTRUCTURA DEL SISTEMA NERVIOSO

¡De Nobel a Nobel y tiro porque me toca! Si bien en la anterior efeméride, el homenajeado nos dejaba *to locos* con esa idea revolucionaria de una nueva Física, el que toca ahora nos desentrañó los secretos del funcionamiento del órgano principal de nuestro cuerpo, el cerebro. Y encima hablo de un científico patrio y Premio Nobel en Medicina. El 1 de mayo de 1852 nace don Santiago Ramón y Cajal (*lo de* don *lo vas a entender si sigues leyendo, tranquilo que esta vez no te hago* spoilers).

Santiago nace en Petilla de Aragón, una localidad que por ese nombre solo se puede encontrar en... Navarra *(la culpa de este disloque al geógrafo-graciosillo de turno que puso nombre al pueblo)*, dentro del seno de una familia rural pero pudiente, ya que su padre era médico cirujano. Debido a esta profesión, la familia realizaba continuos cambios de residencia, dando saltos de una localidad a otra (vamos, como en el juego, *de Oca a Oca y tiro porque me toca*). Desde que empezó su educación, el pequeño Santiago mostró grandes inquietudes por el conocimiento en general, mostrando grandes dotes por la pintura, e interesándose por la naturaleza y una defensa de la vida sana y los hábitos saludables, como fueron, por ejemplo, las numerosas salidas que realizaba de paseo por la montaña. Sin embargo, su carácter inquieto, travieso y, sobre todo, su negativa a memorizar de carrerilla, le hizo pasarlas *canutas* en su paso por la educación primaria y el bachillerato, ya que la educación de esa época comulgaba con el dicho *la letra con sangre entra.*

Sea como fuere, Santiago acabo esa primera etapa y se puso a estudiar Medicina, licenciándose en 1873. Y de ahí, directo a ejercer... pues no. Nada más lejos de la realidad, recién terminada la carrera y atendiendo al servicio militar obligatorio (los famosos *Quintos*), acabó siendo médico de guerra en Cuba durante la efímera Primera República. Si bien el destino y la flora tropical hace que de inicio nazca en Santiago un ideal romántico y aventurero de la isla, el clima húmedo y sobre todo los puñeteros mosquitos, presentes en todos los rincones y transmisores encima del paludismo, hacen que este ideal se caiga cual castillo de naipes. Todo esto, junto con la mala administración, la incompetencia de los oficiales y las enfermedades contraídas provocan que la experiencia se torne en pesadilla, y en 1875 vuelve a España, esquelético y hecho una piltrafa.

Ya en casita, recupera fuerzas gracias al cuidado familiar de su madre y hermanas *(seguramente, a base de caldito; un buen puchero hace milagros...)* y empieza su carrera investigadora. Se doctora en 1877 y en solo dos años le ocurren sucesos para escribir dos libros —se lo resumo *mu* rápido, no se preocupe—: su estado algo enfermizo hace que coja la tuberculosis, pero se recupera; gana una plaza de director de Museos Anatómicos en su ciudad; se casa por amor, oponiéndose a padres y amigos; y se hace masón, ya que ingresa en la logia Caballeros de la Noche como miembro número 96 con el simbólico nombre de Averroes, el famosísimo médico y filósofo de Al-Andalus *(sí, así se las gastaba don Santiago)*.

Pero si por algo ha pasado a la inmortalidad nuestro homenajeado en esta efeméride es por el descubrimiento de los procesos conectivos de las células nerviosas de la materia gris del sistema cerebroespinal. Este descubrimiento de las neuronas, acaecido en 1888, supuso una revolución en el estudio del órgano fundamental de nuestro cuerpo (sí, ahora viene zasca del bueno a mis queridos filósofos griegos, que creían que el órgano fundamental era el corazón). Hasta este descubrimiento, la idea científica que prevalecía —otro zasca— era que el tejido cerebral era continuo. Las investigaciones y, sobre todo, los dibujos de los cortes cerebrales realizados por el propio Santiago evidenciaron este error. Y antes de seguir, ¿a qué le apetece darse un garbeo por la imaginación y ponerse en el día a día de nuestro homenajeado? Pues para eso nada mejor que una historieta...

Estamos en una tranquila tarde de verano de 1889, tan tranquila que estaban de siesta hasta las chicharras... Son las 5 de la tarde y nos encontramos en la Facultad de Medicina de la Universidad de Barcelona. Mientras Santiago Ramón y Cajal está intentando resolver un crucigrama científico con definiciones imposibles, una becaria le interrumpe en estos momentos...

—Ejem, ejem... Don Santiago, perdone que le interrumpa...

—Shhh, señorita, que estoy concentrado, con cuatro letras, estructura de una célula nerviosa que transmite el impulso nervioso a otra célula nerviosa... *Ains,* no caigo...

—Don Santiago, que tengo prisa, que he dejado un experimento a medias. Quería comentar qué le parece el dibujo del tejido nervioso que he hecho a partir de las observaciones que me mandó realizar.

—A ver, señorita, ¿qué no entiende del shhh? No caigo en la definición de marras... Intento esta, empieza con D, con 8 letras, parte membranosa de una célula nerviosa...

—Don Santiago, si usted es una eminencia en ese campo que le preguntan en el crucigrama ¿le ayudo? Es que tengo prisa y quiero enseñarle este dibujo del tejido antes de continuar...

—Que sí, que sí, señorita, no sea usted impertinente, cáspitas. Voy ahora, un último intento, con 7 letras y empieza con n, coloquialmente así llamamos a las células del tejido nervioso... Pues que no caigo, *joe,* mira que publiqué un artículo en la *Revista Trimestral de Histología Normal y Patológica* y que no caiga, manda narices...

—A ver, don Santiago, que le pregunto si tengo que poner más tinción al corte cerebral, mire la imagen o resuelva el crucigrama, pero haga algo con sus neuronas...

—¡Neurona, eso es! Señorita, gracias, miles de gracias. Ahora lo veo claro y me quito este crucigrama de en medio. ¿Qué venía a enseñarme?

—Don Santiago, la imagen que he pintado, creo que me he equivocado en algún paso de la tinción, tome...

—Eso, eso es, déjeme ver... Pero, ¿qué es esto? Si lo veo todo azul...

—Lo que le decía, don Santiago, que creo...

—Ni creer ni leches, ¿para qué le sirven las neuronas? Ande, repita la muestra y no me haga perder el tiempo. Buenas tardes...

Santiago se queda en el despacho, acabando, por fin, su crucigrama, mientras la becaria se va, pensando que encima que le ayuda ni recibe las gracias y lo peor, que sigue sin saber qué ha hecho mal en la tinción del experimento...

Para ir cerrando la efeméride, hay que subrayar que el descubrimiento de las neuronas puso a la comunidad científica en la línea de estudiar más la sinapsis cerebral y entender esa gran máquina que es el cerebro. Por todo ello, a Santiago Ramón y Cajal se le considera como uno de los padres de la Neurociencia. Además, nuestro homenajeado era un caballero de carácter —ya lo has leido en la historieta inventada—, pero sobre todo un gran pensador, un humanista que encabezó la Generación de Sabios, una generación de científicos y científicas que hicieron que la Ciencia española se pusiera en el mapa internacional. ¡Y hasta tuvo tiempo para ser senador en Cortes por la Universidad de Madrid!, eso sí, a coste cero *(que aprendan algunos pensadores que se hacen llamar políticos).*

Una persona inquieta y comprometida con su trabajo, que incluso a su muerte, en su testamento dejó dispuestos cuatro premios de 25.000 pesetas de aquel tiempo, dos para los mejores alumnos de Anatomía y de Histología, y dos para la mejor memoria sobre Anatomía Patológica, Histología o Bacteriología y para el mejor trabajo sobre Psicología comparada en un grupo de una especie determinada.

Ah, se me olvidaba, ¿por qué eso de Don? Podría ser por su grandísimo legado, eso sin discusión, pero es que resulta que, en 1952 y a título póstumo, se le concede el título de primer marqués de Ramón y Cajal. Y es que Don Santiago era listo, dedicado y, por supuesto, le daba a las neuronas *(un chiste tonto para finalizar la efeméride nunca sobra).*

Don Santiago Ramón y Cajal, investigador prolífico, magnífico dibujante y gran divulgador de chascarrillos.

8 DE MAYO DE 1794. MUERE ANTOINE LAVOISIER, EL GRAN CIENTÍFICO Y PADRE DE LA QUÍMICA

Querido lector, dejamos una historia a medias —la historia del matrimonio Lavoisier— y lo prometido es deuda. En esta segunda parte, toca hablar de él, el gran científico, el revitalizador de la Ciencia, el gran prohombre, el que sentó cátedra sobre cualquier asunto de índole científica. De esta forma, en este repaso que te estoy planteando, querido lector, sobre efemérides, avances y hallazgos que han hecho muy mucho por nosotros, los denominados *Homo sapiens,* ahora te planteo un momento de nuestra historia en el que ese apellido que nos distingue como especie nos lo dejamos olvidado en casa. El 8 de mayo de 1794 sucede, posiblemente, una de las mayores equivocaciones de nuestra historia: muere en la guillotina el gran Antoine Lavoisier.

¿Crees que exagero y me he puesto demasiado dramático? Pues sigue leyendo y seguro que al final me vas a dar la razón. Y es que, desgraciadamente, el fanatismo es un peligroso conductor que nos puede guiar por sendas oscuras y, si a esto le añadimos el rencor de alguien que llegó a ser muy poderoso, el médico jacobino Jean Paul Marat, el cóctel catastrófico está servido.

Y es que esos años locos de la caída de la monarquía en Francia y el ascenso de la República fueron de aúpa, ya que no dejaron títere con cabeza y, por *na* o por cuatro tonterías, te llevaban de paseo a la guillotina. En el caso de nuestro homenajeado, su papel como recaudador de impuestos —*la Fermé Generale*— no ayudaba mucho a salvar el pescuezo. A pesar de que importantes personajes intentaron por todos los medios salvarlo, finalmente nuestro Antoine fue declarado traidor a Francia y sentenciado a muerte. Para más *inri*, según dijo el presidente del tribunal que lo juzgó, *La République n'a pas besoin de savants... (traducido al castellano, «La República no necesita científicos», así se las gastaban los iniciadores de la República, que tenían la guillotina siempre engrasada y a punto).*

La conmoción en el mundo científico fue tal que, justo al día siguiente de su muerte, el gran matemático Lagrange apostilló que había bastado solo un instante para cortarle la cabeza, pero quizá ni en un siglo aparecería una que se le pudiera comparar. Porque sí, seré un *exagerao,* pero las contribuciones a la Ciencia de Lavoisier y de su esposa, Marie-Anne Paulze, que trabajó codo con codo con él, son numerosas, tanto que este matrimonio se considera el iniciador de la disciplina Química, dejando atrás el *tufillo* mágico de la Alquimia.

Pero no nos pongamos tan melodramáticos. Te invito a realizar un *flashback* para conocer más y mejor la figura del gran Antoine Lavoisier, para que entiendas la magnitud de la equivocación de hacerlo pasar por la vil guillotina. Antoine-Laurent de Lavoisier nace en 1743 en París en el seno de una familia acomodada, ya que su padre era procurador del Parlamento francés y su madre provenía de una familia de juristas. Con estos precedentes familiares, lo normal es que nuestro Antoine se hiciera abogado, cosa que logra en 1764, pero había algo más. A nuestro Antoine le fascinaba la Ciencia, tanto que durante su período universitario asistió libremente a cursos sobre Botánica, de Física, de Química y de Mineralogía.

Con este bagaje multicultural, se pone a currar en facetas tan diversas como un proyecto sobre cómo alumbrar París; redactar dos proyectos sobre el yeso, material de blanqueo de las casas de la época; o realizar un mapa geológico y mineralógico de la parte noroeste del país. Sin embargo, el *pelotazo* lo pega cuando se une en matrimonio, a la tierna edad de 28 años, con Marie-Anne Pierrette Paulze, hija de un copropietario del estamento gubernamental de recaudación de impuestos.

Gracias a este enlace, logra estabilidad financiera de por vida y decide montar, junto a su mujer, un laboratorio en sus dependencias, el mejor de su época, lleno de instrumental para revolucionar la Ciencia del momento. Un espacio donde el matrimonio se encerraba durante horas y horas. Un espacio donde, a partir de ese momento, la Ciencia se empieza a forjar en su forma de reglas, leyes, métodos y un largo etcétera. Y si no me cree, vayamos a por la segunda parte de la historieta inventada del matrimonio Lavoisier...

Estamos en una bonita mañana de primavera de 1789, en París, concretamente en el rococó château que tienen los Lavoisier en uno de los barrios más distinguidos de la capital francesa. Mientras están desayunando, Marie-Anne le comenta la pila de cartas y postales que tiene que responder, cosa que a Antoine le da un poco de pereza:

—Querido, ¿has visto que montón de cartas tienes sin responder? Anda, termínate el *croissant* y el huevo *poché,* y te pones a responder a tus seguidores.

—*Cher Marie-Anne, petite fleur, Je suis fatigué...tout le temps à répondre à des lettres, à envoyer des réponses à des questions...je suis tres tres fatigué.*

—Que sí, que muy bien que estés cansado, pero es tu labor de científico famoso responder y ayudar a otros compañeros. Veamos esta carta: «Estimado Antoine, ¿qué piensas de mi descubrimiento en el sistema solar de un nuevo planeta, que quiero llamarle la estrella de Jorge? Un afectuoso saludo, W. Herschel».

—*Uhmm, l'astronomie est une science mineure, ça ne m'intéresse pas du tout. Respóndele Merci beaucoup y ma recommandation est que vous changiez le nom,* que le cambie el nombre, mejor Urano, el dios griego de los cielos, *très très épique.*

—Antoine, que cortante eres a veces. Matizaré un poco tus palabras y le diré que te alegras un montón de su descubrimiento y que seguro hará avanzar la Ciencia Astronómica...

—Cher Marie-Anne, *petite fleur,* tú siempre sabes traducir mis palabras. *Que ferais-je sans toi?*

—Pues eso mismo digo, Antoine, que qué harías tú sin mí. Aquí tengo otra carta: «Ilustrísimo señor Lavoisier, tenga su merced una vida larga para seguir investigando y llegando a hallazgos tan relevantes para la sociedad. Es un inmenso placer enviarle una copia de mi tratado *Mécanique analytique,* donde humildemente expongo avances en mecánica a través de las ecuaciones diferenciales. Queda aquí un servidor de usted. Lagrange».

—*Ah, Lagrange, mon cher ami. Marie-Anne, adressez-lui mes meilleures louanges pour ses découvertes.*

—De acuerdo, querido. Una última carta, esta está escrita en inglés, de un tal Joseph Priestley.

—*Bah, un anglais? Ce ne sont pas des scientifiques... ¡je m'en fous!*

—¿Otra vez estamos en modo Antoine el pomposo científico sabelotodo cortante? Te leo la carta: «*Antoine, you have made the most of my discovery, taking all the credit* (este dice que lo ha descubierto él). *You are a liar and a despicable being* (uy, tampoco es pa ponerse así)».

—*Cher Marie-Anne, que dit la lettre?*

—Antoine, que eres el mejor científico que ha visto nunca y que le complace que le hayas hecho ver que estaba equivocado en eso del flogisto...

—*Très bien, il est temps de faire de la science.*

—Sí, sí, Antoine, hagamos Ciencia, que veo que cualquier día de estos, con tu actitud, va a ocurrir una desgracia...

¿Y por qué he dramatizado al inicio con esta efeméride? Por la sencilla razón de que sin la figura de este noble *français* la Ciencia no sería lo que es hoy en día *(seguiríamos en taparrabos y dándole con un hueso al suelo, cual simpático mono de la película* 2001: Una odisea en el espacio... *¿no querías exageración? Pues toma).* La verdad es que su incidencia fue crucial para el desarrollo científico posterior y para ello te expongo un repaso rápido por sus estudios y/o descubrimientos:

— Redactó un libro que se consideró durante mucho tiempo las *Tablas de los Mandamientos* en Química, donde exponía de forma clara los avances y descubrimientos que había realizado durante las incesantes horas de laboratorio en su lujosa y noble casa. Hablo del *Tratado elemental de química,* publicado en 1789.
— Hizo de la balanza química un instrumento fundamental en el laboratorio, que nos podía ayudar en eso de saber la cantidad de sustancias en los reactivos y/o productos de una reacción química. Así, pesando de una forma exquisitamente cuidadosa, fue capaz de dejarnos su *Ley de la conservación de la materia.* Y es que no sé si lo sabes, querido lector, pero la cantidad de materia siempre es la misma al comienzo y al final de la reacción.
— Se interesó por estudiar la composición del agua, llegando a la sesuda conclusión de que estaba formada por dos componentes, a los que bautizó con el nombre de oxígeno (palabra que viene del griego *oxis* —ácido— y *gonos* —productor— o sea, productor de ácidos) e hidrógeno (sí, del griego también *hydros* —agua— y *gonos* —que sigue siendo productor, *ergo,* productor de agua—).
— Analizó la naturaleza de la combustión, dando como razón verdadera que es un proceso que se produce de la combinación de una sustancia con el oxígeno. Además, dio con el *quid* de la cuestión de la respiración en animales y en plantas, revelándola como un proceso de interacción con el oxígeno. Con ello pudo distinguir entre la oxidación, la respiración, la combustión, la deflagración y la explosión *(esto último suena a que se llevaría algún sustillo jugando en el laboratorio).*
— Además de estudios muy meticulosamente planteados sobre la respiración animal, se interesó también en discernir el proceso de fermentación alcohólica, un encargo de la industria licorera francesa *(fuentes nada fiables cuentan que en este trabajo le puso mucho empeño e iba muchos días de vuelta a casa cantando eso tan conocido de «El vino que tiene Asunción, no es blanco, ni es tinto, ni tiene color... ¡Asunción, echa media de vino al porrón!» pero en francés —ya ves que no me resisto al momento de chiste tonto—).*

— Aclaró el concepto fundamental de elemento químico, definiéndolo como una sustancia pura y simple que no se puede dividir en otras sustancias, que es la definición que sigue vigente hoy en día. Además, se vino arriba y elaboró una teoría sobre la formación de compuestos químicos a partir de combinaciones de elementos.
— Trabajando con otros colegas coetáneos, presentó una nueva nomenclatura química, que fuera racional con respecto a los descubrimientos de elementos y composición química, dejando atrás el *romanticismo mágico* de la nomenclatura arcaica. Además, esta nomenclatura iba en consonancia con las ideas de interacción del oxígeno con la materia. De esta forma, algunos cambios fueron que el aceite de vitriolo pasó a ser el ácido sulfúrico; el espíritu de Venus, el ácido acético; el azafrán de Marte, el óxido férrico; la lana filosófica, el óxido de zinc; y el vitriolo de Chipre, el sulfato cúprico, por citar algunos de los cambios de esta nueva y coherente nomenclatura.
— Con eso de racionalizar las sustancias y estudiar su composición, desechó, con todo el acierto del mundo y ya por fin después de tantos siglos, la idea de los filósofos presocráticos de los cuatro elementos de la naturaleza más el *bonus track* del quinto elemento o quintaesencia acuñado por Aristóteles *(olé tú, Antoine y tu buen raciocinio científico).*

Como habrás leído, contribuciones más que importantes para poner en valor la disciplina Química y auparla como una de las Ciencias Naturales para entender nuestro entorno. Sin embargo, todo lo construido se cortó rápidamente *(el símil es el que es, sobre todo si se habla de guillotinas).* Su trabajo en el cobro de impuestos le granjeó numerosas enemistades, y una vez iniciada la Revolución, fue arrestado por el Comité de Salud Pública en 1793. Además, su enemistad manifiesta con Jean Paul Marat hizo que fuera expulsado de la Asamblea Nacional, despojado de sus cargos, juzgado y, finalmente, sentenciado a pena de muerte. Y es que, desgraciadamente, Antoine Lavoisier puso en valor ese dicho de «Como sigas así, vas a perder un día la cabeza».

El 8 de mayo de 1794 ocurrió lo que, después de todo lo expuesto, te parecerá seguro, querido lector, una equivocación, y de las gordas, y el gran Antoine Lavoisier muere guillotinado para mayor desgracia de los pobrecillos seres humanos que nos consideramos científicos y científicas.

Si te fijas bien, esta foto no está repetida en este libro, sino que contiene otro momento de la vida de los Lavoisier.

14 DE MAYO DE 1796. EDWARD JENNER, EL PADRE DE LA INMUNOLOGÍA, PRUEBA CON ÉXITO LA PRIMERA VACUNA DE LA HISTORIA (*BYE BYE,* VIRUELA)

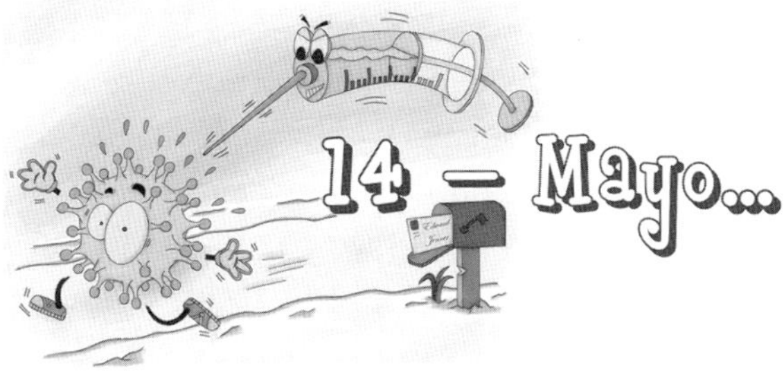

¡Qué sería de nuestro mundo globalizado, tecnológico y llenito de gente sin las vacunas! Ríete tú ahora, pasado el tiempo, de la famosísima COVID-19 y del primer tío que se comió un pangolín caducado. En fin... el mundo no sería igual al que conocemos ahora sin las maravillosas ayudas frente a infecciones microscópicas, las vacunas. Y todo esto se lo debemos a un médico rural inglés, Edward Jenner, que el 14 de mayo de 1796 prueba con éxito la primera vacuna de nuestra historia, un remedio eficaz que se empleó por primera vez para atacar la viruela.

Y es que ahora, por suerte, tenemos establecido un calendario de vacunas, que empieza a temprana edad, ya que, desde bebés, nos martirizan con pinchazos en *culetes* y brazos, que en muchos casos duelen que no veas, pero es que antes ni eso. Hasta la llegada de la primera vacuna, enfermedades como un simple resfriado podían llevarte al otro barrio, y no digamos nada con respecto a otras enfermedades más chungas como la viruela o la rabia, enfermedades que tienen una tasa de mortalidad grandísima si no se administra algún remedio. Por dar un dato de esta mortalidad, la viruela se llevó la vida de más de 60 millones de personas solo en Europa en el siglo XVIII. En este sentido, la vacunación supuso un hito científico, ya que disponíamos de un medio extra para hacer más fuerte a nuestro sistema inmunitario frente al ataque de bacterias y virus.

Edward Jenner nace en Inglaterra, en un medio rural y en una época donde la viruela como enfermedad altamente infecciosa tenía una tasa de mortalidad del 10 % de toda la población mundial, tasa que se duplicaba si hablamos de entornos rurales similares al lugar de nacimiento de nuestro homenajeado en esta efeméride. Además, como única defensa ante esta infección microbiana solo existía el método de la *variolización,* un método importado de la China milenaria que ríete tú de método profiláctico seguro: al individuo se le hacía una incisión en la piel y se le ponían costras de viruela en polvo, se le cerraba la incisión cosiéndola como *calcetín viejo* y nada, se le dejaba aislado para que pasara la enfermedad como pudiera. Un método que dejaba todo en manos de que el sistema inmunológico creara resistencia a la infección, si no, pues ya sabes querido lector, al *valle de los callados.*

Por todos estos motivos, Edward Jenner fue el más listo de la clase. Además, era un científico que llevaba a pie juntillas una de las etapas más conocidas del método de trabajo en Ciencias: la observación. Edward Jenner se puso a observar la naturaleza para intentar acotar el problema a resolver, el de dar con un método más efectivo para atacar la viruela. Para ello, al observar con detenimiento ¡tetas, cuanto más grandes, mejor...! pero de vaca, no vaya a pensar mal, querido lector. Así se fijó en un detalle importantísimo: las mujeres que ordeñaban vacas eran inmunes generalmente a la viruela. Siguiendo con las indagaciones, Jenner llegó a la conclusión de que, en el ordeño, las manos de las lecheras estarían en contacto con el pus de las ampollas de las vacas, que contendrían el virus de viruela bovina, similar al virus de la viruela humana, pero menos violento. Este contacto conferiría a estas señoras ordeñadoras el poder de la inmunidad a la viruela.

Con esta idea en la cabeza, ¿qué mejor que usar un nene inocente como *conejillo de Indias* y sujeto de estudio? *(perdón por el chiste negro, pero es que fue así la historia).* Por tanto, el 14 de mayo de 1796, Jenner probó su hipótesis con James Philips, tierno infante de 8 años, hijo del jardinero de nuestro científico. La lechera Sarah Nelmes puso sus manos, bueno, el pus de sus manos infectadas por la viruela bovina de la vaca Blossom y nada, al nene se le inoculó en los dos brazos, lo que hizo que, como efecto secundario tuviera fiebre, pero ninguna infección grave. Pasados unos meses después, nuestro médico se la jugó y le inyectó viruela humana, no mostrando esta vez ningún síntoma de la enfermedad.

Con este *pelotazo* de experimento válido, repitió el proceso con 23 pacientes más, que quedaron totalmente inmunizados. Estos éxitos de

Jenner se extendieron por Europa, llegando incluso a oídos de Napoleón, que en esos momentos se encontraba en guerra con los ingleses, e hizo vacunar a toda su tropa. La fama de nuestro homenajeado le hizo apartarse de la medicina ordinaria y dedicarse en cuerpo y alma a la vacunación, un procedimiento que, cerrando la efeméride, ha hecho muchísimo por el ser humano.

Dos dudas que seguro le han asaltado durante la lectura de esta efeméride: ¿De dónde viene el término *vacuna*? Viene de vaca, sí, pero nuestro médico es inglés, así que sería *cowuna* ¿no? *(lo reconozco, lo mío no son los chistes).* Este término viene del latín, derivando de *variolae vaccinae,* pústulas de vaca, término ideado por Jenner para hablar de la viruela bovina.

Edward Jenner, médico y experimentalista experto en vacunas.

¿Y qué es realmente una vacuna? Una vacuna es un fragmento de un organismo, que llamamos antígeno, atenuado e inocuo, suficiente para que nuestro cuerpo desarrolle un anticuerpo específico, de manera que, si volvemos a encontrarnos con ese antígeno porque contraigamos la bacteria, virus, hongo o lo que sea que causa la enfermedad correspondiente, nuestro cuerpo lo reconoce y lo rechaza.

La vacuna, un invento muy inglés que le debemos a la buena vista de un médico rural y a las ubres de simpáticas vacas lecheras.

21 DE MAYO DE 1799. NACE MARY ANNING, LA PRIMERA MUJER PALEONTÓLOGA (¡A BUSCAR FÓSILES SIN PARAR!)

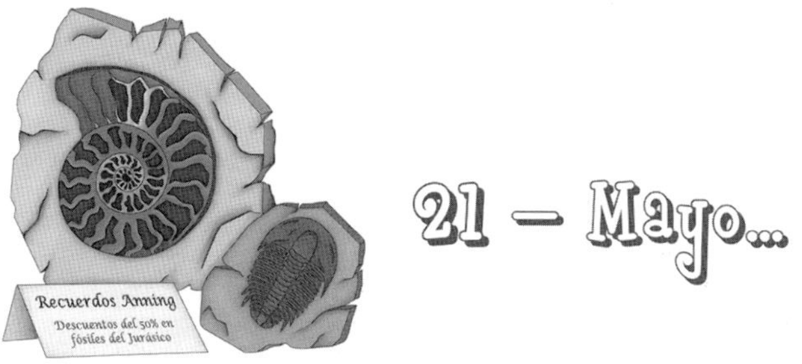

¡Vayámonos de cabeza a la playa con esta efeméride del libro! Y encima a una tienda de recuerdos, para visitar a la familia Anning que se dedicaba a lo que yo llamo la búsqueda de conchas en la playa y venta como *souvenir* (la típica concha serigrafiada con mensajes del tipo «estuve en la Caleta y me acordé de ti con este bivalvo»). Y es que el 21 de mayo de 1799, nace Mary Anning, la considerada primera mujer paleontóloga, una experta buscadora de fósiles.

Mary solía acompañar a su padre en la búsqueda de fósiles en la costa de su localidad natal, que luego vendían a los turistas para reforzar la precaria economía familiar. Mary y su familia profesaban una corriente religiosa disidente con la iglesia anglicana oficial, lo que hacía que no estuvieran muy bien vistos —*ya sabes, las cosillas de la Iglesia... nada más que decir*—.

La muerte de su padre en 1810 y el rechazo social debido a su opción religiosa obligaron a la familia a vivir de la caridad, y provocaron que ni Mary ni su hermano Joseph tuvieran acceso a una educación adecuada, lo que evidentemente redundó más en el rechazo de una sociedad inglesa altamente clasista *(unos finolis snob estos* english gentlemen*)*. Con todo esto, y siguiendo el ejemplo paterno, Mary y Joseph *vendían* los fósiles que recolectaban. Un día cualquiera, Joseph descubrió un extraño cráneo, del que Mary descubrió el resto del esqueleto. El fósil era ciertamente raro, ya que tenía características dispares, pues se parecía tanto a un pez gigantesco como a un cocodrilo. Se trataba del primer fósil de *ictiosaurio* cuyo nombre, por si no estás versado en las lenguas vernáculas como un servidor, viene del griego —estos filósofos con tan buen marketing, ya sabes lo que pienso de ello— *Ichthyosauria*, que significa pez lagarto.

Este descubrimiento hizo que la fama de nuestra homenajeada subiera cual espuma y, por ende, la de la tienda de recuerdos que regentaba junto a su hermano que, de la noche a la mañana, se llenó de curiosos y gente forofa de los bichejos hechos pedruscos. Y si no, eche una lectura a la siguiente historieta...

Estamos en 1819, en una posada de la bonita localidad de Lyme Regis, localidad costera situada al sur de Inglaterra. Los hermanos Anning tienen una mesa de curiosidades para los turistas en la que incluyen una fantástica colección de restos fósiles. La cosa le está yendo bastante bien, porque han logrado captar la atención de Lord Moraton, segundo vizconde de Dorset, gran aficionado a eso de la paleontología, aunque sin mucha idea...

—Buenos días, amable tendera y bella dama, estaba buscando a Joseph Anning...

—¿Por algún motivo? Señor...

—A ver, señorita, ¿qué forma chabacana de hablar es esa? Está usted hablando con Lord Moraton, segundo vizconde de Dorset. Busco al tal Joseph porque mi amigo Thomas Birch, gran coleccionista, me ha dicho que le han vendido en este local mugriento un fósil completo de ictiosaurio, un fósil de lagarto...

—¿Local mugriento? Un respeto, señor lord, que este local es modesto, pero está requetelimpio... Además, el tal Joseph es mi hermano y ese fósil del que habla no es de un lagarto *(que poca idea tiene el gachón)* lo descubrí yo investigando en los estratos de la localidad...

—¿Una mujer? Vaya... se está perdiendo todo el sentido del decoro. En fin, las modernidades de la plebe, una mujer investigando, dónde vamos a ir a parar. Señorita, su hermano, por favor, que tengo prisa y tengo una recepción con nuestro querido rey Jorge III. Quiero impresionarlo con mi gabinete de rarezas...

—Pues va a tener que contentarse, señor lord, con esta mujer, ya que mi hermano anda con un pedido en la calle y va a tardar. A ver, ¿en qué estaba interesado, su excelentísima excelencia?

—Muy bien, muchacha, veo que aprende ligero. Estaría interesado en fósiles extraños y poco vistos, no importa el precio, para congratularme con nuestra regia majestad.

—Pues ha venido al lugar correcto, tengo los mejores restos fósiles de toda Inglaterra y de parte de Europa, a ver qué encuentro en la trastienda...

(Mary Anning se ausenta y va a la trastienda, pensando que el tal lord, aparte de tener unos humitos que pa qué, *se merece un correctivo porque nota que no tiene ni idea de paleontología.)*

—Excelentísimo señor lord, le traigo una muestra de los tres fósiles más desconocidos y extraños que puede encontrar a lo largo y ancho de nuestro planeta, seguro que alguno es de su agrado. Este pequeño de aquí es una muestra de *microraptor gui,* un terópodo del Cretácico que solo vivió en Asia, y que me lo ha regalado mi vecino Mi-Chi-Fua, el que tiene la tienda asiática de la esquina...

—Pues, a ver señorita, es bonito, pero pequeño, no creo que con esto impresione a nuestra majestad.

—Con el siguiente seguro que acierta: este es un *tetrapodophis amplectus,* fosilizado en piedra, un espécimen rarísimo que solo existió en Sudamérica y que me lo ha traído un pariente en su viaje a Brasil.

—¡Que interesante! Tiene una forma conocida...

—Es una serpiente de cuatro patas que vivía en madrigueras...

—¿Serpiente? No, no, a lady Moraton le dan fobia las serpientes. Lo siento señorita, pero veo que no va a poder ayudarme... Espere, eso que tiene al fondo sí que es grande y ostentoso, además de pétreo. ¿Qué es?

—¡Qué buena vista tiene su excelencia!, que ha ido por la joya de la tienda. Es un auténtico coprolito, un depósito fósil del dinosaurio más grande que existió en nuestro planeta, el *Patagotitan mayorum*, que llegó a medir 40 metros de largo...

—¡Eso sí que es un fósil interesante! ¡Me lo llevo! Dígame el precio y en breve vendrá mi mayordomo con una carreta para llevarse este magnífico fósil.

(Lord Moraton paga la millonada que le ha pedido Mary Anning, yéndose contentísimo porque en la recepción va a poder agasajar a su querido rey Jorge. Mientras tanto, Mary Anning, una vez cerrada la puerta, no puede parar de reír, porque muy lord y muy distinguido, pero ha comprado a precio de riñón un mojón, literalmente.)

Mary continuó busca que te busca y, en 1823, descubrió el esqueleto completo de un *plesiosaurio,* un enorme reptil marino y candidato a ser Nessie, el legendario monstruo del lago Ness —vaya, esto ha sonado poco científico, así que haga por olvidar este dato y siga con la lectura del libro—.

La cosa era que Mary tenía un olfato finísimo para encontrar fósiles de seres vivos extintos, y en 1828 descubrió el fósil de un *pterosaurio,* un reptil volador y, por si fuera poco, siguió descubriendo varias especies de peces ya extintos. Mary, junto a William Buckland, uno de los poquísimos paleontólogos que reconocía sus hallazgos, fueron pioneros en el estudio de los coprolitos, que son heces fosilizadas que permiten obtener mucha información sobre la especie a la que pertenecieron *(vengaaaa, que le veo con la media sonrisa, hagamos el chiste fácil, tiene toda la razón, esto es una investigación de mierda, literalmente).*

En un breve inciso, y por hacer una pequeña reseña sobre este caballero *english,* decir que Buckland fue el que acuña el término *dinosaurio* para referirse a los vertebrados dominantes durante unos 135 millones de años, un término que, adivine, sí, sí, viene también del griego, concretamente de *deinos* —terrible— y *sauros* —lagarto—. Con ese nombre de lagartos terribles, normal que el escritor Michael Crichton y el director Steven Spielberg la liaran *parda* con la saga de *Parque Jurásico.*

Cerrado el inciso y volviendo con Mary Anning, con tantos hallazgos fósiles, normal que nuestra homenajeada en esta efeméride sea considerada una auténtica pionera de la Paleontología, esa disciplina que estudia los seres vivos del pasado, siendo su labor científica de una importancia vital y provocando un enorme avance en la comprensión de la vida a lo largo de la historia de la Tierra. Desgraciadamente, las contribuciones de Mary Anning, como las de tantas otras mujeres que se dedicaron a la Ciencia en un tiempo en el que esta actividad estaba reservada únicamente a los hombres, fueron infravaloradas porque, en su caso, a su condición de mujer se le sumaba la de pertenecer a una familia pobre y protestante con la religión oficial, lo que hizo que, a pesar de ser conocida en círculos geológicos de Gran Bretaña, Europa y América, tuviera dificultades económicas a lo largo de toda su vida.

Así que, a pesar de haber sido la descubridora del primer fósil de *ictiosaurio* y de haberlo limpiado minuciosamente, su nombre fue injustamente obviado, lo que la apartó del mundo académico. Actualmente, el cráneo de este *ictiosaurio* puede verse en el Museo de Historia Natural de Londres. Mary nunca fue reconocida por la comunidad científica, que siempre la consideró una intrusa, a pesar de que sabía de fósiles tanto o más que los paleontólogos de su tiempo, pero la falta de reconocimiento por parte de estos hizo que se sintiera utilizada. Mary Anning falleció a la edad de 47 años a consecuencia de un cáncer de mama.

Para acabar con un tono menos lúgubre esta efeméride, en las tierras de la Gran Bretaña, con ese humor tan *english* que tienen los oriundos de allí, a nuestra Mary le han sacado un trabalenguas en su honor, que dice así: «She sells seashells by the seashore, The shells she sells are seashells, I'm sure. So if she sells seashells on the seashore, Then I'm sure she sells seashore shells» (ea, *ya puede poner en juego todo su nivel de inglés, que yo me voy preparando la redacción de la siguiente efeméride*).

Mary Anning, paleontóloga aficionada y forofa en eso de buscar seres vivos extintos.

28 DE MAYO DE 585 ANTES DE CRISTO. SE PRODUCE UN ECLIPSE SOLAR PREVISTO POR TALES DE MILETO, MIENTRAS ALYATTES II ESTÁ LIBRANDO LA «BATALLA DEL ECLIPSE» CONTRA CIÁXARES

Nos vamos de aventura épica, con aroma de batalla antigua y dos reinos pegándose bien de tortas en mitad de un secarral. *¿A que esto te suena a la batalla de Troya?* Pues no, no vamos a irnos hasta la epopeya redactada por Homero, sino que nos vamos a sumergir de lleno en el momento culmen de la guerra desarrollada entre Alyattes II, rey de Lidia, y Ciáxares, rey de Media, ambas regiones situadas en la actual frontera entre Turquía e Irán.

Pongámonos en situación: corría el año 585 a. C. y la tensión entre ambas facciones iba en aumento, después de seis intensos años de sangrienta guerra. La mañana del 28 de mayo, ambos bandos se habían citado para la batalla definitiva, una cita que se iba a producir a orillas del río Kizilirmak, la frontera natural de ambos reinos en contienda. El rey Ciáxares y sus tropas partían con algo de ventaja, ya que venían de acabar con el Imperio asirio y tenían *las barras de energía y moral a tope*. Guerreros pertrechados hasta arriba con el arsenal de guerra de la época se encontraban frente a frente, a punto de liarse a palos, pero un singular hecho marcaría para siempre esta batalla, llevándola a la historia y a este libro gracias a un eclipse total de sol, donde para más temor de los soldados —no diga que no, ahora usted y yo conocemos este fenómeno, pero en aquel tiempo la cosa no era así—, la umbra pasaría por encima del campo de batalla, según cuenta en sus escritos el historiador griego Herodoto *(que, por cierto, no se encontraba ni por la región ni cerca de ella, pero describió sobre este hecho).* Y el día se hizo de repente noche cerrada, aflorando todo tipo de sentimientos: asombro, ansiedad, gran temor y *algún que otro esfínter suelto.* Ante tal extraordinario evento, ambos bandos deciden acabar la contienda, aludiendo a que este hecho debía ser una señal divina de que era necesario poner fin a la guerra y qué mejor que sellar dicho pacto con el matrimonio entre Astiages, hijo de Ciáxares, y Aryenis, hija de Alyattes II, una alianza que duraría varias décadas. ¡*Ea,* todos contentos, a desmontar los respectivos campamentos y para casa! Esta batalla, como comprenderá después de la epopéyica introducción de la efeméride, ha pasado a la historia como *La Batalla del Eclipse.*

Y después de este momento histórico, volvamos a la Ciencia, ya que este hecho, su fecha y la zona exacta donde ocurriría se habían predicho con tiempo. ¿Cómo? ¿Es eso posible? Sí, sobre todo si eres griego, matemático y te llamas Tales de Mileto —a ver, que yo le tenga «algo» de manía a Aristóteles no significa que meta a todos estos filósofos en el mismo saco...—. De esta forma, Tales de Mileto sabía que esa mañana del 28 de mayo de 585 a. C. ocurriría un eclipse total de sol, una predicción que se basaba en exactos cálculos matemáticos.

Y es que esta efeméride me sirve de excusa para presentar a uno de los matemáticos más influyentes de nuestra homínida especie, con unos postulados que han llegado hasta nuestros días y que sirven incluso de base para mucha de la Matemática que estudiamos en el colegio. Tales de Mileto nació, como no, en la antigua ciudad griega de Mileto —y sí, esta ciudad hoy pertenece a... Turquía, que creías que no iba a haber la típica broma de los geógrafos— en el 624 a. C., siendo considerado, agárrese, uno lo de los *Siete Sabios de Grecia* (la famosa banda de los siete: Tales de Mileto, Pitágoras, Solón, Cleóbulo de Lindos, Quilón de Esparta, Periandro de Corinto y Biante de Mileto). Tales de Mileto destacaba entre todos ellos, siendo considerado el primer filósofo de Occidente *(ejem, ¿ahora que, Aristóteles?)* siendo su especialidad las Matemáticas, pero con aportes destacados en Astronomía, Óptica, Dinámica y Estática. Una obra extensa que le hizo incluso ser el fundador de la escuela jónica de filosofía o «escuela de Mileto» y ser incluso venerado por Aristóteles. *Vamos, que este sí que puede alardear de ser un máquina, no como otros...*

¿Cómo predijo con tanta exactitud Tales ese famoso eclipse? ¿Cómo pudo hacer esos cálculos? *¿Tenía información clasificada en su poder?* Las fuentes históricas no llegan a un consenso ya que, si bien es posible predecir con exactitud un eclipse lunar —ya que se dan una serie de factores que lo facilitan como son su extensa duración y que puede verse en todo el globo terráqueo que está en *modo noche* en ese momento—, un eclipse solar es harto complicado. La predicción de un eclipse solar debe tener en cuenta no solo dónde va a suceder, sino también en qué lugares va a ser visible, máxime si se trata de un eclipse solar total. Además, para más dificultad, en esos eclipses se necesita saber con una precisión máxima la órbita de la Luna, con una precisión del orden de una fracción de minuto de arco *(se lo traduzco, lo que es una* miaja *del tamaño de un círculo).*

Así que, ¿cómo se marcó un *perfect* nuestro filósofo? Al parecer, esta información vendría de los llamados «ciclos de saros», un registro en tablillas de arcilla que tendrían a buen recaudo los babilónicos que, dicho sea de paso, eran los oriundos de una de las primeras civilizaciones, Babilonia, con muchísima influencia en eso de lo que posteriormente se llamaría Ciencia *(para no empezar como siempre a divagar, esto me lo reservo para otra ocasión).* Estos ciclos de saros constituían un exhaustivo registro de eclipses ocurridos anteriormente, y con estos datos, estudiando muchos y echando codos como para enfrentarse al examen final de la carrera, Tales de Mileto observó que había una periodicidad entre ellos. Entre dos eclipses solares homólogos pasan 6.585 días, 7 horas y 42 minutos, o en un número más sencillo, aproximadamente 18 años solares, en los cuales nuestro hogar planetario mantiene su posición relativa entre la Luna y el Sol —el aproximadamente ha quedado poco preciso, digamos mejor que los babilónicos tenían estudiado que este fenómeno se repetía cada 223 lunas, o lo que es lo mismo 18 años y 11 días—. Además, estas tablillas contenían también un manual de instrucciones: los babilónicos habían llegado a la conclusión de que los eclipses lunares solo se podrían producir con luna llena, mientras que los eclipses solares solo se daban con luna nueva, existiendo un período de cinco a seis meses en los cuales hay una gran probabilidad de que ocurran ambos sucesos.

Con todos estos datos, y con el hecho de que el 4 de julio de 587 a. C. se había producido un eclipse lunar total, Tales identificó otro ciclo oculto en estos registros antiguos, el ciclo eclipse lunar-eclipse solar, que ocurría cada 23,5 meses. Pero, ojo, no todos eclipses lunares vienen seguidos por eclipses solares, su probabilidad es de solo un 57 % *(más tirando al sí que al no, todo quede dicho)*. Con todo este compendio de números, nuestro homenajeado calculó de forma exacta cuándo se produciría el siguiente eclipse solar, un hecho que, como has leído, ocurrió esa venturosa mañana del 28 de mayo de 585 a. C. Un hecho que cambió el rumbo de la historia y puso a nuestro matemático en los altares de la misma. *Porque no todos los griegos iban a ser como... me voy a callar mejor.*

Los eclipses, fenómenos fenomenales del cielo.

4 DE JUNIO DE 1783. LOS HERMANOS MONTGOLFIER REALIZAN SU PRIMERA DEMOSTRACIÓN PÚBLICA DE ASCENSIÓN EN GLOBO AEROSTÁTICO

¡Vayámonos de cabeza a una efeméride de altura para hacernos sentir cual ave que surca el cielo! Y es que resulta que el 4 de junio de 1783, los hermanos Montgolfier hacen su primera documentación pública de ascensión en globo aerostático *(se ve que estos hermanos eran de estar con la cabeza en las nubes, el chiste tonto estaba flotando en el aire, así que se escribe y todos contentos, por lo menos un servidor y autor de este libro).*

La verdad es que esa idea de volar estaba en el imaginario colectivo de nosotros y nosotras, estos monos inquietos muy *sapiens* —que sí, que Darwin tenía razón, ya me expliqué en páginas anteriores— que vieron en volar una barrera a superar. Por todo esto, la efeméride que actualmente está leyendo supuso una auténtica revolución para la incipiente Ciencia Aeronáutica.

Pero aterrizando ya, tanto la idea como la efeméride, nuestros dos hermanos homenajeados, Joseph-Michel y Jacques-Étienne, eran como todos los típicos niños, traviesos y unos revoltillos, que tendrían a su padre, fabricante de papel, hasta el moño de la peluca revolviendo cosas en su fábrica. Un día, los hermanos se pusieron a jugar con unas bolsas de papel y al ponerlas invertidas sobre el fuego, se dieron cuenta de que las bolsas subían hasta el techo. De este juego de niños surgió la idea de volar en globo, un ejemplo más en Ciencias de la famosa serendipia (*término supersesudo, querido lector, que puede sustituirse alegremente por suerte,* chiripa o potra).

Con el paso del tiempo, nuestros hermanos se hicieron mayores y científicos. De esta forma, y con esa idea en la cabeza, decidieron seguir experimentando con materiales más resistentes para hacer volar bolsas cada vez más grandes. En 1782 hacen una prueba a cubierto con un globo hecho de seda usando cordaje de lino —todo muy *chic,* y es que los franceses son glamurosos hasta para hacer pruebas científicas—. La cosa iría bien, y el 4 de junio de 1783 deciden que es el momento de enseñar su invento al mundo. Así, ante el público más distinguido de la bella y pintoresca ciudad de Annonay, situada al sureste del país de los *croissants,* hicieron la primera prueba pública de vuelo de un globo. En esta primera prueba, una bolsa de lino de 11 metros y 800 m^3 de volumen, con un peso de 226 kilogramos, realizó un vuelo de 2 kilómetros, alcanzando una altura cercana a los 2.000 metros. Un día tan histórico, tan científico y celebrado debería tener una historieta, como es de esperar, inventada, así que dicho y hecho, deseo concedido...

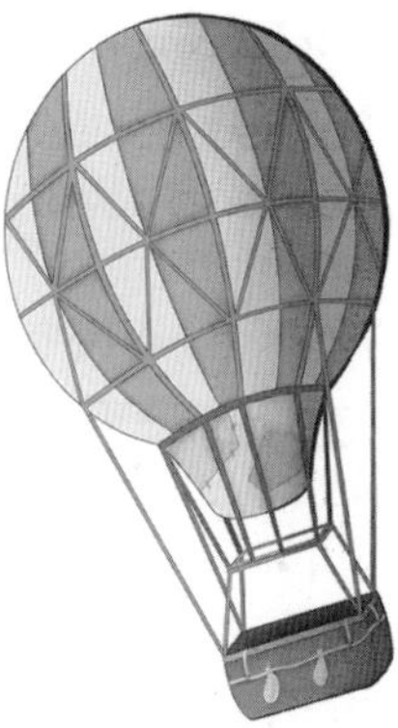

La historieta de los hermanos Montgolfier... ...y su primer vuelo

Es 4 de junio de 1783. Estamos en Annonay, ciudad más francesa que un *croissant* de camembert. Son las 6:58 de una fresca mañana, con una velocidad de viento moderada, poca nubosidad y riesgo de precipitaciones del 20 %. Instantes previos al primer intento de vuelo en globo, a Jacques-Étienne Montgolfier le ha entrado una indisposición, seguramente por los nervios. Menos mal que Marie, la hermana pequeña y la lista de la familia, está más que atenta con los preparativos...

—Joseph-Michel, ¿cómo está el hermano?

—Marie, *Chère sœur,* Jacques-Étienne ahora mismo es un flan, *tous les nerfs.*

—Normal que lo esté, ha venido gente de alrededores, incluso enviados especiales de nuestro amado Luis XVI.

—Ay, Marie, Je pense que je tombe malade aussi.

—Anda ya, no seas aprensivo, vamos a repasar el listado de cosas que hacían falta, ¿has preparado los sacos de arena para contrarrestar el peso del globo?

—Oui, Marie, deux sacs de sable bien chargés...

—Muy bien, dos sacos, ¿has preparado el instrumental científico?

—Oui, Marie, un télescope, des jumelles, un pluviomètre, un hydromètre et un thermomètre...

—A ver, todos los instrumentos los veo menos el termómetro, ¿para qué quieres un termómetro?

—Ay, Marie, Chère sœur, je pense que j'ai de la fièvre, je suis malade...

—Que fiebre ni que ocho cuartos, Joseph-Michel. Anda, un último repaso, ¿te has llevado algo para picar mientras que estás a esos 2.000 metros de altura? *(pues sí que va a subir este globo, normal que esté mi hermano blanco como la pared).*

—Oui, Marie, trois croissants, du fromage et un vin regional...

—Muy bien, hermano, ya verás que con eso te hace buen estómago y pasas bien la experiencia de volar. ¿Llevas ropa de abrigo, que arriba seguro que corre fresquete?

—Oui, Marie, un manteau et une écharpe assortis...

—Muy bien, así no te destemplarás por el cambio de temperatura. Pues está todo preparado... pero, Joseph-Michel, ¿Qué hace esa cabra metida dentro del cesto del globo?

—Ay, Marie, Chère sœur, J'ai très peur, je suis désolé, je pars, je pars vite. Au revoir!

Joseph-Michel sale como alma que se lleva el diablo, con más miedo que vergüenza, corriendo a toda velocidad, mientras que Marie se queda estupefacta con un globo, un montón de instrumental científico y una cabra, que le está dando un repaso al almuerzo de los Montgolfier.

¿Se marearon mucho nuestros hermanos en el viaje? Pues no, no se marearon nada, ya que la prueba fue realizada con la cesta del globo vacía. Eso sí, esta enorme gesta científica llegó a oídos del mandamás francés, el no tan bien amado Luis XVI —a juzgar por la reacción posterior de sus paisanos, que le hicieron probar un invento muy eficaz: la guillotina—, que los llama a la Corte y ahora sí, nuestros hermanos realizaron una prueba con seres vivos, el 27 de agosto de 1783, donde se recorrieron unos 20 km durante 45 minutos de vuelo. ¿Sufrieron mal de altura durante el vuelo nuestros homenajeados hermanos? Pues como no fuera de mirar para arriba yo creo que no, porque este vuelo fue realizado por una oveja, un pato y un gallo (parece un chiste, pero es la pura verdad, *palabrita* de científico).

El rey, impresionado ante tan magna empresa, les concede la autorización para, ya por fin, realizar un vuelo con seres humanos. Ahora sí que sí, el 21 de noviembre de 1783, ante un público enloquecido —señores y señoras muy empolvados tirando sus pelucas al aire—, en una despejada mañana en la ciudad de París, se realizó esta hazaña. Seguro que te preguntarás por las impresiones de este vuelo por parte de nuestros hermanos Montgolfier, ¿a que sí? Pues serían buenas, sobre todo teniendo en cuenta de que no despegaron los pies del suelo. Como oyes, el primer vuelo con seres humanos en globo aerostático de la historia lo realizan Pilâtre de Rozier, un profesor de Física y Química, y el marqués D'Arlandes, que sobrevolaron París durante unos nueve kilómetros, para aterrizar sanos y salvos al sur de la ciudad, siendo aclamados como héroes de la nación.

Y es que nuestros hermanos Montgolfier fueron muy científicos, pero sobre todo fueron muy precavidos. Todos los siguientes vuelos fueron igual de exitosos e incluso se registró un vuelo en este ingenio que cruzó el Canal de la Mancha, pero no existe registro de que los hermanos probaran su invento *(vete tú a saber si por miedo a las alturas, mareos u otras fastidiosas sintomatologías o simplemente porque odiaban, como señora mayor que sale de la peluquería, que se le despeinara la peluca con tanto viento).*

Los Montgolfier revolucionando las fiestas locales de Annonay.

5 DE JUNIO DE CUALQUIER AÑO. VIVA EL MEDIOAMBIENTE Y SU DÍA

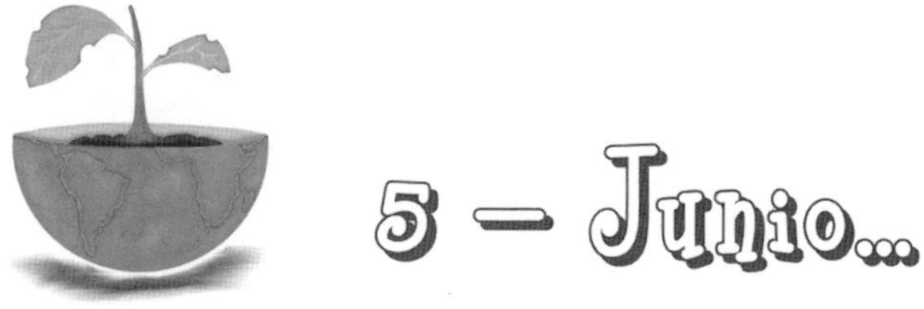

El 5 de junio se conmemora el Día Mundial del Medio Ambiente. Esta fecha honra la celebración de la Cumbre de Estocolmo en 1972 *(no confundir nunca con el Síndrome de Estocolmo, que eso va por otros caminos)*. Esta fue la primera gran conferencia donde políticos sesudos de corbata gorda, nudo doble y gemelos con sus iniciales, de todos los países de nuestro terruño planetario, dejándose de tonterías patrias, se sentaban para tratar temas relacionados con el medioambiente, tan dispares, en principio, como pueden parecer la contaminación o deforestación, y la pobreza o desigualdad entre los países desarrollados y no desarrollados *(sí, no ponga cara de sorpresa, que de vez en cuando los políticos hacen cosas... de esas de políticos)*.

Estos políticos dieron con el *quid* de la cuestión *(no es por reiterarme ni repetirme como el ajo, pero esta circunstancia es algo raro en política en los tiempos que corren)* y definieron correctamente el medioambiente, definición que aquí reproduzco: «El medioambiente es el conjunto de componentes físicos, químicos, biológicos y sociales capaces de causar efectos directos o indirectos, en un plazo corto o largo, sobre los seres vivos y las actividades humanas». Con esto, todo queda dicho y es tal la incidencia que tiene el ser humano sobre el medioambiente que incluso hemos creado una nueva era, la era del ser humano, también llamada *Antropoceno,* convirtiéndonos en salvaguardas de todo nuestro planeta y, por tanto, teniendo una responsabilidad mayúscula en el devenir de nuestro lugar de residencia y geolocalización en el extenso Universo. Con esto, una pequeña recomendación querido lector: haga caso a las campañas de ahorro energético, de separación de basuras y tantas otras más que hablan de cuidar nuestro terruño porque, salvo que me digan lo contrario, *There is no Planet B (a ver, que solo tenemos la Tierra como hogar).*

Madre Tierra indignada a más no poder (... y con razón).

12 DE JUNIO DE 1901. LA RADIACTIVIDAD YA ESTÁ AQUÍ, Y ADEMÁS BRILLA UN MONTÓN

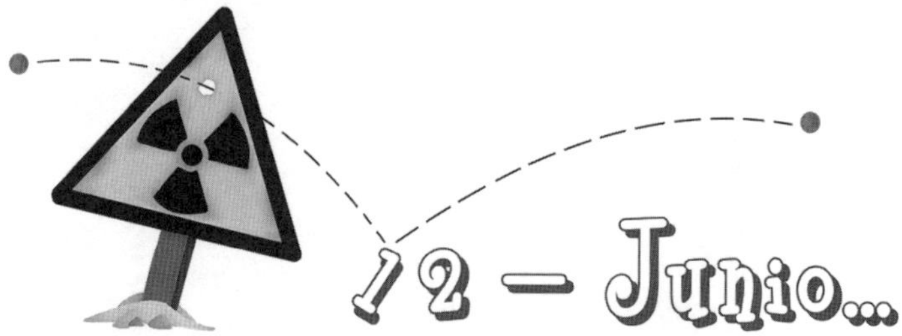

Tal día como un 12 de junio, pero de 1901, un físico francés, de nombre Henri Becquerel —no confundir con su primo, el imperecedero príncipe de Beckelar, el príncipe de las galletas— *(sí, no me mire así, que sé que estaba esperando su ración de chiste tonto)* hace una demostración sobre radiactividad en la Academia de Ciencias de París.

Con esta acción, este maestro y jefe de los muy conocidos Marie y Pierre Curie *(un matrimonio de científicos altamente radiactivo sea todo dicho)* da el pistoletazo de salida a un siglo que, aupado en la Física Cuántica —una idea genial de otro colega llamado Max Planck, que ya vimos en páginas anteriores— nos descubrirá los secretos más íntimos de los átomos, sus partículas subatómicas y, sobre todo, la gran energía que atesoran en su interior. Esta energía atómica quedará definida matemáticamente años después por Einstein y su famosísima ecuación (*te la recuerdo querido lector, por si acaso,* $E = mc^2$, *donde* E *es la energía producida,* m *la masa del objeto/partícula y* c *la constante referida a la velocidad de la luz*). Una energía que también tendría su reflejo visual en las «pruebecillas» *(entrecomillado así adrede de forma malvada y haciendo este chiste negro para que nunca más vuelva a ocurrir)* de las bombas lanzadas sobre Hiroshima y Nagasaki.

La radiactividad, descubierta magistralmente por este genio científico del país de los maravillosos quesos y *croissants,* la Tour Eiffel y de, sobre todo, los Roland Garros del muy patrio Rafael Nadal, tiene tantos clichés, tabúes y mala prensa, que necesitaríamos verter ríos de tinta para hablar sobre ella y remover esas ideas equivocadas *(y seguramente,*

El matrimonio Curie, el más radiactivo de toda la historia de la humanidad.

algún apartado en algún futurible segundo tomo... que hacía páginas que no dejaba algún recado a mi editora).

Esta nueva energía se presenta ese 12 de junio de 1901 ante sus colegas de la Academia de Ciencias de París, pero Becquerel ya tenía alguna idea de esta nueva propiedad de la materia. ¿Cómo llegó a este descubrimiento nuestro científico homenajeado? Becquerel descubrió que, al colocar sales de uranio sobre una placa fotográfica y envolver el conjunto en papel negro para preservarlo de la luz solar, esta se ennegrecía. Esto significaba que debía de haber una radiación que emanaba del propio mineral. Becquerel comprobó que la intensidad de la radiación era la misma, independientemente de la forma física o química en la que se encontrasen las sales, lo cual indicaba que se trataba de una propiedad que se originaba en el interior de los átomos.

Sin embargo, tanto el estudio de este fenómeno como el nombre de radiactividad tuvo que esperar al matrimonio Curie, y siguió posteriormente con el estudio de la estructura interna de los átomos y el descubrimiento del núcleo atómico, zona donde se producen estos fenómenos radiactivos.

Pa chulo y radiactivo, yo (Becquerel *dixit*).

Como has leído, Becquerel había descubierto una energía no conocida anteriormente, pero que, con el paso del tiempo, ha adquirido dimensiones de energía con muchas posibilidades. Así que, por este motivo, nada baladí y para cerrar esta efeméride y darle al César lo que es del César, decir que la radiactividad está presente en todos los días de nuestra vida y es pieza clave de aplicaciones biomédicas que tan bien hacen porque lleguemos con salud a ser longevos muchachos y muchachas que pasean por Benidorm, ya sea a partir de identificar lesiones y/o enfermedades internas con radiografías de rayos X, o el uso de radioisótopos en la tomografía axial computarizada —TAC para los colegas no científicos— en la obtención de imágenes tridimensionales del cuerpo humano.

18 DE JUNIO DE 1928. AMELIA EARHART SE CONVIERTE EN LA PRIMERA MUJER QUE CRUZA EL OCÉANO ATLÁNTICO EN AVIÓN

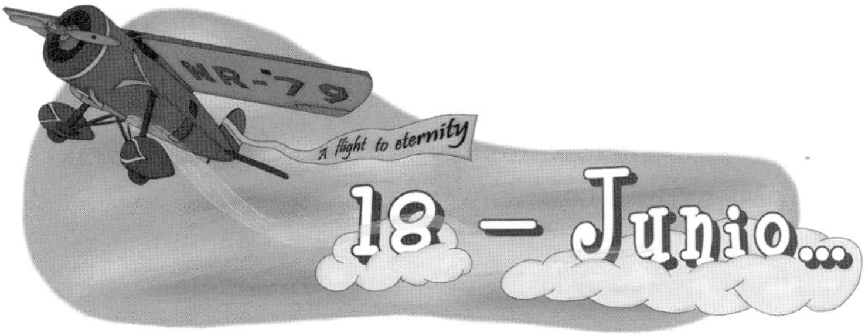

Me encantan las efemérides que destacan personalidades inconformistas, capaces de prever los avances futuros que harán que las sociedades progresen, con una mirada adelantada a su tiempo, que rompa esos clichés que tanto encorsetan a los seres humanos y, sobre todo y desgraciadamente, a las mujeres *(el muy típico «esto no es para ti, esto no es cosa de chicas», «tú lo que tienes que hacer ser una buena ama de casa y una buena esposa»... ¿sabes por dónde voy, no?)*. Pues esta es una de esas efemérides que va como anillo al dedo a todo lo dicho, y es que te voy a hablar de una hazaña sin precedentes: el 18 de junio de 1928, la aviadora estadounidense Amelia Earhart se convierte en la primera mujer que cruza el Océano Atlántico en avión.

Una hazaña que abrirá una nueva senda para las mujeres del mundo, convirtiéndose nuestra homenajeada en un referente y una de las fundadoras de *The Ninety-Nines,* una organización internacional de mujeres piloto que, desde su fundación en 1929, se ha planteado como objetivos defender los intereses de las mujeres en el ámbito de la aviación, y apoyar la educación y el acceso de las mujeres a este sector tecnológico.

Y es que Amelia era mucha Amelia. Si bien pasó su infancia entre algodones, en casa de sus abuelos maternos en Kansas donde imaginamos a la pequeña Amelia rodeada de las comodidades propias de una familia de bien y de dineros (su abuelo Alfred Gideon Otis era un prominente juez federal retirado), la marcada personalidad de nuestra Amelia, de carácter inquieto y audaz, le hacía ser todo lo contrario de lo que se podía esperar de una niña modélica de una casa recatada del corazón de Estados Unidos. Sí, como lees, nuestra homenajeada era un *rabo de lagartija,* no paraba en casa nada, y tenía unas aficiones claramente *alarmantes*: se deslizaba en trineo, escalaba árboles o disparaba a simpáticas ratas con un rifle (Oh my God, *qué soponcio para sus progenitores*).

Con todo, problemas familiares que no vienen al caso —su padre se tiró a la bebida y dejó a la familia en la estacada— hacen que, junto con su madre Amy y hermana Muriel, se muden a Chicago. Ya estabilizada, empieza sus estudios en la Escuela Hyde Park, unos estudios que le irían la mar de bien y que hacen que en 1916 comience estudios universitarios en Nueva York para convertirse en maestra. Sin embargo, la Primera Guerra Mundial sacude a todo el mundo y, en 1918, nuestra Amelia decide dejar la carrera para centrarse en ser voluntaria como enfermera en Toronto *(olé esa Amelia)* y atender, junto a su hermana, a pilotos heridos en combate. Es en ese tiempo donde Amelia descubre lo que sería su gran pasión: volar cual grácil ave y surcar las nubes de algodón *(vale, he tirado de recurso cuqui, me centro, me centro...)*. Una pasión que se convierte en su modo de vida cuando, en 1920, asiste a un espectáculo aéreo en Long Beach, California, e incluso logra subir en un biplano para dar un garbeo corto por Los Ángeles. Al bajar, sus primeras palabras fueron «tan pronto como despegamos sabía que tendría que volar de ahora en adelante». Y nuestra traviesa niña se convirtió de un plumazo en una mujer con una meta: ser aviadora.

Pero claro, como ya has ido leyendo durante todo el libro, esto no es llegar y besar el santo. Amelia se puso a recibir clases de vuelo, muchas clases, donde su instructora parece ser que no daba un duro porque fuera piloto *(pues vaya ánimos)*. Con todo, en 1923 logra su licencia de piloto, y en 1927 se une a la Asociación Aeronáutica Nacional y se pone a promocionar la aviación entre las mujeres, haciéndose un nombre en ese mundillo tan masculinizado. *¿Y tanto rodeo, pa qué? Parece que estoy sobrevolando la efeméride...* Pues sencillo, estamos ante un ejemplo de romper una de esas barreras impuestas, la de que hay ciertas profesiones reservadas a cierto género, así que si eres, querido lector, de esos que podría poner remedio a esta situación, ¿a qué esperas? *(y ahora ya aterrizo, tranquilo y dejo de divagar)*.

Amelia Earhart ante su último desafío y antes de pasar a la inmortalidad.

Con todo, Amelia, que era ya reconocida en ese mundillo, empieza a trabajar como piloto de pruebas y establece récords, todo un gancho para... la publicidad del momento. En 1928 recibe la llamada que cambiará su vida: un publicista de Nueva York, George Putnam, busca señorita aviadora que quiera convertirse en la primera mujer que cruce el océano Atlántico a petición de un magnate americano que quería financiar ese proyecto. Amelia ni se lo piensa y se convierte en el primer... *paquete femenino* en cruzar este océano *(perdón, chiste tonto, pero es que en el vuelo solo hizo de acompañante de un piloto y de un mecánico, manda narices)*. Al aterrizar en Burry Port, localidad del sur de Gales, casi sin gasolina, les asalta un batallón de reporteros que, contra todo pronóstico, pasan de los hombres de la empresa y se centran del tirón en Amelia. ¡Toma publicidad al canto! Hasta el presidente de Estados Unidos queda prendado de esta acción.

Pero, ¿te he comentado que nuestra homenajeada era una inconformista de manual? Con toda la fama adquirida, cualquiera podría pensar en retirarse y vivir de los *royalties* de la gesta, sobre todo después de publicar un superventas *Veinte horas, cuarenta minutos*, pero en ese cualquiera no entra Amelia, que decide seguir haciendo senda para promocionar y mejorar el papel de la mujer en la aviación. Da conferencias; funda la asociación comentada anteriormente, *The Ninety-Nines*, siendo su primera presidenta; sigue batiendo récords de altitud y velocidad; crea la primera carrera aérea exclusivamente para *ladies;* se convierte en asesora de ingeniería aeronáutica y profesora visitante de la Universidad de Purdue *(por curro no será, ¿eh, Amelia...?).*

Con todo, decide ser inmortalizada en los libros de historia siendo la primera mujer en cruzar el charco en solitario, una senda ya iniciada viajando como «pasajera», pero ahora como piloto con todas las de la ley. En 1932 prepara este viaje, saliendo de la fría Terranova para llegar a Gran Bretaña, con una campaña publicitaria sin precedentes hecha por nuestro publicista y por entonces marido de Amelia, *que ya tenía más que pulido este diamante.* Aterrizó en el norte de Irlanda sin más sobresaltos que asustar a un amable pastor, y con esta gesta rompió, si todavía quedaban por romper, más marcas: primera mujer en hacer un vuelo en solitario en el Atlántico, primera persona en hacerlo dos veces, la distancia más larga volada por una mujer sin parar, y récord por cruzarlo en el menor tiempo.

Pero quedaba un vuelo por realizar, un último vuelo antes de retirarse, el de circunnavegar el globo terráqueo y ser la primera mujer en hacerlo. ¿Le salió bien o mal? ¿Sacó réditos nuestro publicista de esta gesta? Sencillamente se inmortalizó en todos los libros de historia, porque voló... hacia la eternidad. Amelia partió el 21 de mayo de 1937 desde Los Ángeles y el 2 de julio, saliendo de hacer escala en Papúa Nueva Guinea, la señal de su avión se pierde a las 8:00 mientras sobrevolaba la isla Howland. Si bien se estableció que fue en ese punto donde pudo caer el aeroplano, ningún resto se ha recuperado desde entonces.

Un misterio o una forma de ganar la eternidad, un vuelo hacia el infinito por parte de esta humilde chica de Kansas, la aviadora Amelia Earhart.

5 DE JULIO DE 1687. ISAAC NEWTON PUBLICA LOS *PRINCIPIA* Y LA FÍSICA NUNCA VOLVERÁ A SER LO MISMO (APÉNDICE DEL LIBRO PARA REPASAR LA FÍSICA MÁS CLÁSICA POR SI TE HA QUEDADO PARA SEPTIEMBRE)

No, no te he suspendido, querido lector. Has aguantado estoicamente todo este libro, tan lleno de Ciencia, conceptos, eventos, hallazgos y un largo etcétera, basado todo ello en las efemérides de un curso escolar. Curso escolar que tiene su fin en junio y ahora resulta que te «cuelo» una efeméride en julio, en plenas vacaciones... ¿Por qué motivo? Por uno en particular, no podía resistirme a hablar del científico más influyente de todos los tiempos, el que sentó de forma definitiva la Ciencia en ese pedestal desde donde nos ayuda en nuestro día a día en pro de seguir evolucionando como especie. Y ese no es otro que el grandísimo sir Isaac Newton, que el 5 de julio de 1687 publica su gran obra *Philosophiæ naturalis principia mathematica* (se lo traduzco, que un servidor tiene nivel A2 de latín, *Principios matemáticos de filosofía natural* o más abreviado, *Principia*), una obra donde nuestro Isaac recopila todos sus descubrimientos en Mecánica y Cálculo infinitesimal, una obra que marcó un antes y un después en nuestra historia como especie... A estas alturas del libro no creo que pienses que exagero, pero es que esta obra fue un *hit*, un *best seller,* vamos, un auténtico *pelotazo*, y de los gordos. ¡*Principia* supone la culminación de la Revolución Científica que marcó el nacimiento de la Ciencia Moderna! Hoy en día tenemos muy fácil acceso a la información y a diario leemos, vemos o escuchamos noticias referidas a descubrimientos o avances científicos que redundan en mejorar nuestra calidad de vida. Sin embargo, esto no siempre ha sido así. Durante muchos siglos, la mayoría de la población no tenía acceso a la educación y los conocimientos que se impartían en los centros educativos estaban diseñados para estar en consonancia con los dogmas religiosos *(ya sabes, o comulgabas con la Iglesia o la Iglesia te daba un tostado parrillero, una forma maravillosa de hacer que pensaras que los dogmas estaban bien).*

Todo esto comenzó a cambiar cuando, en 1543, se publicó el libro de Nicolás Copérnico *De revolutionibus orbium coelestium* (*Sobre los giros de los orbes celestes*, del cual ya leíste en la efeméride correspondiente), donde defendía una teoría heliocéntrica del Universo, en contraposición a la teoría geocéntrica oficial, según la cual la Luna, el Sol y los demás astros giran alrededor de la Tierra, como ya hemos comentado con anterioridad. Esta teoría cosmológica, que fue propuesta por Aristóteles en el siglo IV a. C., encajaba perfectamente con la idea de que el hombre *(es decir, la humanidad)* era el centro de la creación recogida en la *Biblia* y, por tanto, era defendida por la Iglesia, con el resultado de que cualquier desviación de esta se consideraba una herejía *(y ya sabes, ser acusado de hereje en aquellos tiempos era lo menos recomendable si querías seguir vivito y coleando).* Además, la falta de educación de la po-

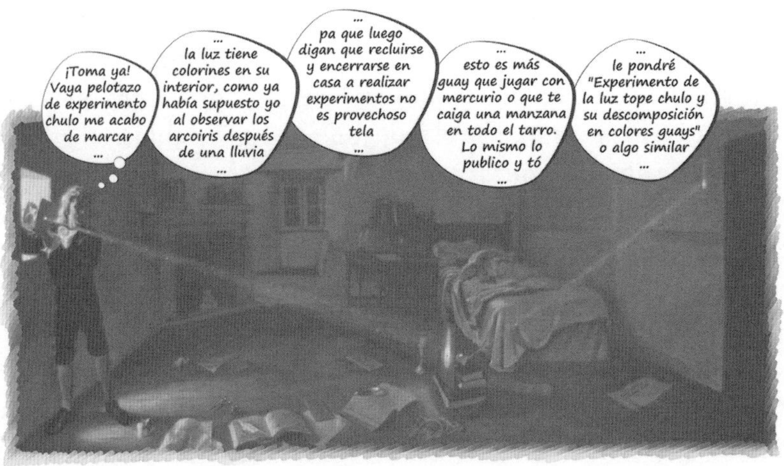

FUENTE: Sascha Grusche para Wikimedia Commons.

Newton flipando mucho con un prisma (otros tiempos, otros entretenimientos...).

blación hacía que en esta abundaran las supersticiones y buscaran explicaciones mágicas y esotéricas para los fenómenos que no entendían.

Con el libro de Copérnico se inaugura un período de la Historia en el que los fenómenos de la naturaleza se justifican sistematizando de forma razonada las observaciones experimentales y no recurriendo a explicaciones sobrenaturales, o sea, se inicia el pensamiento científico. Tras *De revolutionibus orbium coelestium* vendrían aportaciones a la Astronomía o la Mecánica de otros autores como Johannes Kepler, Galileo Galilei o René Descartes y, culminando este período, Isaac Newton con sus *Principia.* En este libro, basándose en el estudio de las contribuciones de científicos anteriores a él, Newton describe la ley de gravitación universal, las leyes de la mecánica y el cálculo matemático. *Lo dicho, vaya pedazo de libro, bien completito de Ciencia.*

Pero este libro no sería lo que es si no fuera por otro insigne científico, Edmund Halley *(el del cometa, que sé que te sabes ese dato).* Tal y como te cuento, nuestro Newton era bastante reacio a hacer públicos sus descubrimientos y Halley le convenció. Vamos, le daría la brasa día tras día con eso de «Newton, no seas tonto, publica que ya verás el éxito, que esto que has redactado es canela en rama, es oro puro, déjate de esos pensamientos de que los experimentos son solo para ti, que seguro que pasas a la posteridad con estos postulados tan molones» y un largo etcétera.

Y la verdad es que Halley no estaba nada desencaminado, porque desde la publicación del *Principia,* estos postulados se convirtieron en el eje principal de la Física. Y es que muchos científicos y científicas consideramos a Isaac Newton el *jefe del cotarro,* el mayor científico de nuestra historia y, créeme querido lector, no nos falta razón para hacer esta afirmación. Y es que, aunque algunas de las aportaciones de Newton se han visto superadas por teorías más modernas como la de la Relatividad o la Mecánica Cuántica, muchas de ellas siguen vigentes *(y las estudiamos en el colegio, las famosas* leyes de Newton *aplicadas a los movimientos)* y su gran mérito es haber sido capaz de desarrollarlas en una época en la que la superstición y pseudociencia eran muy comunes, tanto que hasta el propio Newton practicó la Alquimia —sí, sí, no ponga cara de sorpresa, nuestro Newton era un ávido experimentador y también jugó a transmutar metales para convertirlos en oro e, incluso, casi se envenena con mercurio— y buscó profecías ocultas en las Sagradas Escrituras (*ea,* otra sorpresita de nuestro homenajeado, que redactó más escritos sobre Teología que sobre Ciencia).

Pero, ¿cómo llega un niño de Woolsthorpe, en el condado de Lincolnshire, a convertirse en el uno de los padres de la Ciencia Moderna? Vamos a ver algunos datos biográficos, para formarnos una idea más aproximada de su entorno y su *carismática* personalidad. Isaac Newton nació el día de Navidad de 1642, aunque esa era la fecha del calendario juliano —llamado así en honor a Julio César, que fue quien lo estableció—, que era el que se empleaba en aquel tiempo. Si lo convertimos al calendario gregoriano —debido al papa Gregorio XIII, de ahí su nombre—, que es el que usamos en la actualidad, la fecha del nacimiento pasa a ser el 4 de enero de 1643. Sea como fuere y naciera el día que naciera, Newton llegó al mundo prematuro, muy pequeño y ya huérfano de padre. No parecía que a aquel bebé le esperase un futuro muy prometedor, de hecho le echaron la típica mirada de *pobrecillo,* creyendo que moriría pronto.

Cuando contaba con tres años, su madre, Hannah, volvió a contraer matrimonio con Barnabas Smith, un pastor anglicano que no quería cargar con el hijo de otro hombre, por lo que Hannah se trasladó a vivir con su esposo, mientras que Isaac se quedó a cargo de sus abuelos maternos. Puede que estos acontecimientos determinaran el carácter de Newton, que siempre fue hosco, poco propenso a estar con gente y con poquísimas habilidades sociales. Con 12 años, Isaac fue enviado a estudiar a The King's School, en Grantham, donde no congenió muy bien con sus compañeros, ya que su rapidez mental era claramente superior a la del resto, que desconfiaban de él (y le mirarían con cara de *ahí viene el bicho raro*). Y no era para menos, Newton tenía facilidad para inventar y montar objetos de madera y maquetas. A los dieciocho años continuó sus estudios en el Trinity College de la Universidad de Cambridge. Lector compulsivo, no asistía regularmente a clase por encontrarse en la biblioteca, hecho que hizo que no pasara por ser un alumno muy brillante, pero que le dio la capacidad de aprender por sí mismo, en plan autodidacta (o *Juan Palomo, yo me lo guiso y yo me lo como,* ponga aquí el símil que mejor le convenga).

En 1663 conoce al gran matemático Isaac Barrow, que le da clases, pero que enseguida es superado por su discípulo. En ese tiempo, nuestro homenajeado ya realizaba sus *pinitos* en Óptica y Geometría, y se carteaba con los grandes pensadores de la Royal Society de Londres para el avance de la Ciencia Natural. Todo iba viento en popa para nuestro científico, pero en 1665 estalla en Londres un gran brote de peste. *Ea, todos confinados (espera, espera ¿de qué me suena esto? mira que no caer ahora mismo...).* Con todo, Newton decide volver a la granja familiar para seguir con sus estudios científicos. Porque claro, a ti y a mí, en la anterior pandemia nos confinaron y compramos todo el papel higiénico del mundo e hicimos repostería, pero Newton hizo Ciencia, muchísima Ciencia. Durante dos años maravillosos revolucionó todo lo que conocíamos sobre nuestro entorno e, incluso, sobre el movimiento de los cuerpos celestes y su fuerza de atracción gravitatoria. Esos años fueron el germen de todo lo redactado en sus *Principia*. Y eso que el propio Newton, al final de sus días, les restaba importancia y comentaba que sus descubrimientos se basaban en una senda ya apuntada por otras grandes mentes: «Si he llegado a ver más lejos, ha sido porque he subido a hombros de gigantes» (jopera, *si es que era hasta modesto, ¿no es para quererlo... como científico de cabecera?*).

El hecho de que con una simple ley Newton diera explicación a los fenómenos físicos más importantes del Universo observable, le otorga la calificación de único, ya que como dijo Joseph-Louis Lagrange, matemático y físico francés, «Newton fue el más grande genio que ha existido y también el más afortunado, dado que solo se puede encontrar una vez un sistema que rija el mundo».

Cosas que seguramente no sabías sobre Newton (nunca está de más conocer curiosidades científicas, ya sabes)

— Isaac Newton fue un científico excepcional, pero tenía un carácter cuando menos especial, que le hacía coger ojeriza a otros compañeros de disciplina cuando le rebatían alguna cosa. Una de sus disputas más disputadas fue con el reputado científico Robert Hooke, director de experimentación de la Royal Society. Hooke dejó caer que la *Ley de la gravitación universal* era de su autoría, y que en su libro *Micrographia,* publicado en 1666, ya se hacía referencia a la idea de atracción universal. Esto le sentó nada más que regular a nuestro Isaac Newton, que desarrolló todos los cálculos matemáticos que justificaran dicha atracción. Es más, las agrias polémicas con Hooke hicieron que Newton ni lo referenciara en sus *Principias* y, para más inri, cuando una vez muerto Hooke y elegido Newton como nuevo presidente de la Royal, Newton incluso intentó borrar la huella de Hooke. Se dice que hasta mandó destruir el retrato de su antecesor en el cargo.

— Otra controversia que ha pasado a la historia fue la que Newton mantuvo con Gottfried Leibniz sobre la invención del cálculo *(o cálculo infinitesimal, que es la rama de las Matemáticas que estudia el cambio continuo).* Newton aseguraba que sus aportaciones en este ámbito las desarrolló en su juventud, cuando tenía 23 años, pero que no las hizo públicas hasta muchos años después. Por su parte, Leibniz decía haber desarrollado el cálculo de manera independiente, mientras que Newton creía que había copiado sus ideas y únicamente había variado la notación. Hoy en día, y tras haber estudiado cuidadosamente las notas de ambos, sabemos que tanto Newton como Leibniz alcanzaron sus resultados de manera independiente, no se produjo ningún tipo de plagio, siendo Leibniz quien introdujo en primer lugar la integración, mientras que Newton hizo lo propio con la diferenciación. El nombre de cálculo se debe a Leibniz, ya que Newton lo bautizó como «método de las fluxiones» *(un nombre, la verdad, poco o nada comercial).*

— Un Newton en la cresta de la ola científica y con un prestigio mundial entre la comunidad científica, acaba siendo director de la Casa de la Moneda en 1696. Su misión, luchar contra los falsificadores. En esta institución, no solo supervisaba la acuñación de monedas, mejorando su calidad e introduciendo diseños y técnicas avanzadas para la época, sino que desarrolló métodos eficaces para combatir la falsificación, lo que constituía un problema gravísimo en la economía de la época. Por un lado, impulsó un proyecto para reemplazar la moneda antigua y desgastada, dándose cuenta de que el 20 % de toda la moneda que iba a ser reemplazada era falsificada *(algo que era considerado alta traición —delito de horca y desmembramiento—);* por otro, su implacable persecución de los falsificadores lo llevaban a disfrazarse y frecuentar bares y tabernas para recolectar directamente pruebas *(algo que hizo llevar al cadalso a 28 falsificadores).*

— Newton fue un gran científico, grandísimo, implacable con los asuntos que le desconcertaban de la naturaleza, una vertiente que le hacía plantear experimentos que a más de uno le harían decir que *ni de broma ni por todo el dinero del mundo.* Así, en pleno estudio de la de luz y del proceso de visión, Newton pensó en dos experimentos para entender este fenómeno. El primero, mirar fijamente al Sol de forma prolongada, una temeridad que le hizo ver formas de varios colores durante días —e incluso se tuvo que encerrar durante días en oscuridad absoluta para que desaparecieran estas formas—. Si no quedo contento y casi ciego con el primero, probó con un segundo experimento, un poco más *heavy,* para comprobar la distorsión de la visión ocular. Para ello, se introdujo una aguja tipo punzón entre su ojo y el hueso que rodea al ojo, intentando llevar la aguja a la parte posterior tanto como pudo. Si bien no sacó grandes conclusiones, lo bueno es que no se quedó ciego, un hecho que le permitió que pudiera redactar sus grandes postulados científicos de los *Principia* sin problemas oculares.

Hasta el mejor científico de todos los tiempos tiene sus momentillos (Nota 1: esta es la única imagen no realizada por un ser humano. La Ciencia, con la Inteligencia Artificial, le está dando una vuelta a todo. Nota 2: la historieta sí está hecha por un humano, uno que conoces y que has soportado durante todo este libro).

TÍTULOS PUBLICADOS

ANTÁRTIDA. Ciencia y aventura en los confines del mundo, *L. García Sancho.*

ASTRONOMÍA NO VISUAL. Una mirada no tan limitada al universo, *E. Pérez Montero.*

AVENTURAS MATEMÁTICAS. Una ventana hacia el caos y otros episodios, *M. de Guzmán.*

DE TALES A NEWTON. Un viaje con la ciencia, *J. Meléndez Sánchez.*

EL RINCÓN DE LA PIZARRA. Ensayos de visualización en análisis matemático. Elementos básicos del análisis, *M. de Guzmán.*

EL TRIUNFO DE UNA EXTRAÑA AMISTAD. Las simbiosis entre vegetales y otros organismos mueven el mundo, *L. García Sancho.*

¿EN QUÉ PIENSAN LAS ABEJAS?, *M. Lihoreau.*

LA BATALLA DEL SISTEMA INMUNITARIO. Una forma accesible de entender la inmunología, *R. Toledo.*

LA ESTELA INVISIBLE. El tiempo en mecánica cuántica, *R. Sala Mayato.*

LAZOS Y CONEXIONES VITALES. Conexiones entre distintas partes de nuestro ADN y del cerebro, *M. Izquierdo.*

PARA PENSAR MEJOR, Desarrollo de la creatividad a través de los procesos matemáticos, *M. de Guzmán.*

PARTÍCULAS ELEMENTALES. Una vía hacia el cosmos, *R. Fernández Álvarez-Estrada, M. Ramón Medrano y F. J. Llanes Estrada.*

PRESIONES HUMANAS, IMPACTOS ECOLÓGICOS, RESPUESTAS SOCIALES. Relaciones entre hombre y naturaleza, *J. Rodríguez.*

RADIANDO LA CIENCIA. Efemérides para un año escolar científico, *M.Mora Márquez.*